U0174909

我的一本书

是通往

的

宇宙
的传送门

我是一本书，是通往宇宙的传送门

［英］米丽娅姆·奎克◎著

［英］斯蒂芬妮·波萨韦茨◎绘

隋　鑫　王筱君◎译

北京科学技术出版社

100层童书馆

著作权合同登记号　图字：01-2023-0785

图书在版编目（CIP）数据

我是一本书，是通往宇宙的传送门 /（英）米丽娅姆・奎克著；（英）斯蒂芬妮・波萨韦茨绘；隋鑫，王筱君译．—北京：北京科学技术出版社，2023.4（2024.7重印）

书名原文：I AM A BOOK. I AM A PORTAL TO THE UNIVERSE

ISBN 978-7-5714-2881-5

Ⅰ.①我…　Ⅱ.①米…　②斯…　③隋…　④王…　Ⅲ.①测量学－少儿读物　Ⅳ.① P2-49

中国国家版本馆 CIP 数据核字（2023）第 011254 号

策划编辑：	李心悦　邢伊丹	**电　　话：**	0086-10-66135495（总编室）
责任编辑：	代　艳		0086-10-66113227（发行部）
营销编辑：	刘力玮	**网　　址：**	www.bkydw.cn
封面设计：	沈学成	**印　　刷：**	北京捷迅佳彩印刷有限公司
责任印制：	李　茗	**开　　本：**	889 mm × 1194 mm　1/20
出 版 人：	曾庆宇	**字　　数：**	75 千字
出版发行：	北京科学技术出版社	**印　　张：**	6
社　　址：	北京西直门南大街16号	**版　　次：**	2023年4月第1版
邮政编码：	100035	**印　　次：**	2024年7月第2次印刷

ISBN 978-7-5714-2881-5

定　　价：99.00元

致小罗恩
和她将在这里长大的
星球。

你好！我是一本书。

我有120页，
书页用线和胶装订成册。

每张书页都是正方形的，
长20厘米，
宽20厘米，
厚0.144毫米。

书页上的文字和图画
用青色、品红色、黄色和黑色
这四种颜色的油墨印成。

书页上的文字
主要使用的字体是方正书宋，
还有方正中等线。

我的质量大约是450克。

我只是一本普普通通的书。

你是不是也这么认为？

事实上，
我是
通往宇宙的

传送门。

看看我的超能力吧……

我能通过文字为你
打开一个奇想世界。

我能用字母排列出许许多多单词。

(nda elpytn atht tnar’e ni nya nracdiytio).
(nda elpytn atht tnar’e ni nya nrcdiytiao).
(nda elpytn atht nar’te ni nya nrcdiytiao).
(nda elpytn atht nar’te ni nya nrcditiayo).
(nda elpytn atht nar’te ni nya rcditinayo).
(nda elpnyt atht nar’te ni nya rcditinayo).
(nda elpnyt atht na’tre ni nya rcditinayo).
(nda elpnyt atht na’tre ni yan rcditinayo).
(nad elpnyt atht na’tre ni yan rcditinayo).
(nad elpnyt atht a’tren ni yan rcditinayo).
(nad lpnyet atht a’tren ni yan rcditinayo).

(nad lpnyet atht a’tren ni yan rcditiayon).
(nad lpnyet ahtt a’tren ni yan rcditiayon).
(nad lpnyet ahtt a’tren ni yna rcditiayon).
(nad lpnety ahtt a’tren ni yna rcditiayon).
(nad lpnety ahtt a’tern ni yna rcditiayon).
(nad lpnety ahtt a’tern ni yna rdictiayon).
(nad lpnety htat a’tern ni yna rdictiayon).
(nad pnlety htat a’tern ni yna rdictiayon).
(nad pnlety htat aern’t ni yna rdictiayon).
(nad pnlety htat aern’t ni yna rdictiaony).
(nad pnlety htat aern’t ni yna drictiaony).
(nad pnlety htat aern’t ni nay drictiaony).
(nad pnlety taht aern’t ni nay drictiaony).
(nad pnlety taht aern’t in nay drictiaony).
(nad pletny taht aern’t in nay drictiaony).
(nad pletny taht aern’t in nay drictionay).
(and pletny taht aern’t in nay drictionay).
(and pletny taht aren’t in nay drictionay).
(and pletny that aren’t in nay drictionay).
(and pletny that aren’t in any drictionay).
(and plenty that aren’t in any drictionay).
(好多都是字典里查不到的哟).

我能用四色油墨
挥洒出
无限色彩。

通过变换油墨的配比，
我能创造出
包罗各种色彩的
绚烂的颜色空间。

用我来进行测量吧，
我将向你展示
宇宙万物的奇妙之处。

我将把它们的实际大小
按比例展示出来。

你可以把我
举到空中，
摆在桌上，
放在腿上，
丢到地上。

你可以阅读我，触摸我，
感受我的重量，
把我当帽子戴。
（没错，我会让你这么做的。）

好奇吧？
那就继续往下翻，
和我一起开始这段旅程吧。

按一下这个点。

你刚刚留下了10万个细菌。
甚至更多！
这取决于你自己。

接下来，测试一下你的视力吧。
看这里——

*L*OO*K!*

看！这两个O和鸵鸟的眼睛差不多大。

*M*OO*!*

哞！这两个O和牛的眼睛差不多大。

OO*H!*

噢！这两个O和人的眼睛差不多大。

WHOO! 呜！
这两个O和灰林鸮的
眼睛差不多大。

AROO! 嗷！
小心，
这是狼的眼睛。

COO! 咕！
鸽子的眼睛这么大。

ZOOM! 嗖！我看到一只松鼠蹿上了树。
松鼠的眼睛这么大。

LOON! 瞧！潜鸟的眼睛这么大。

SHOO! 嘘！那里有只老鼠！它的小眼珠正在滴溜溜地转。

OOPS! 哎哟！当心那只小老鼠。（是不是字太小了，有点儿看不清？）

BoooOOooo! 吓吓吓吓吓吓吓吓！你能看到我吗？我能看到你。这是鬼面蛛的8只眼睛。
两只大的在前面，6只小的分别在两侧。

现在你是不是感觉视觉更敏锐了？
试着找找藏在这些字母中的生物吧。

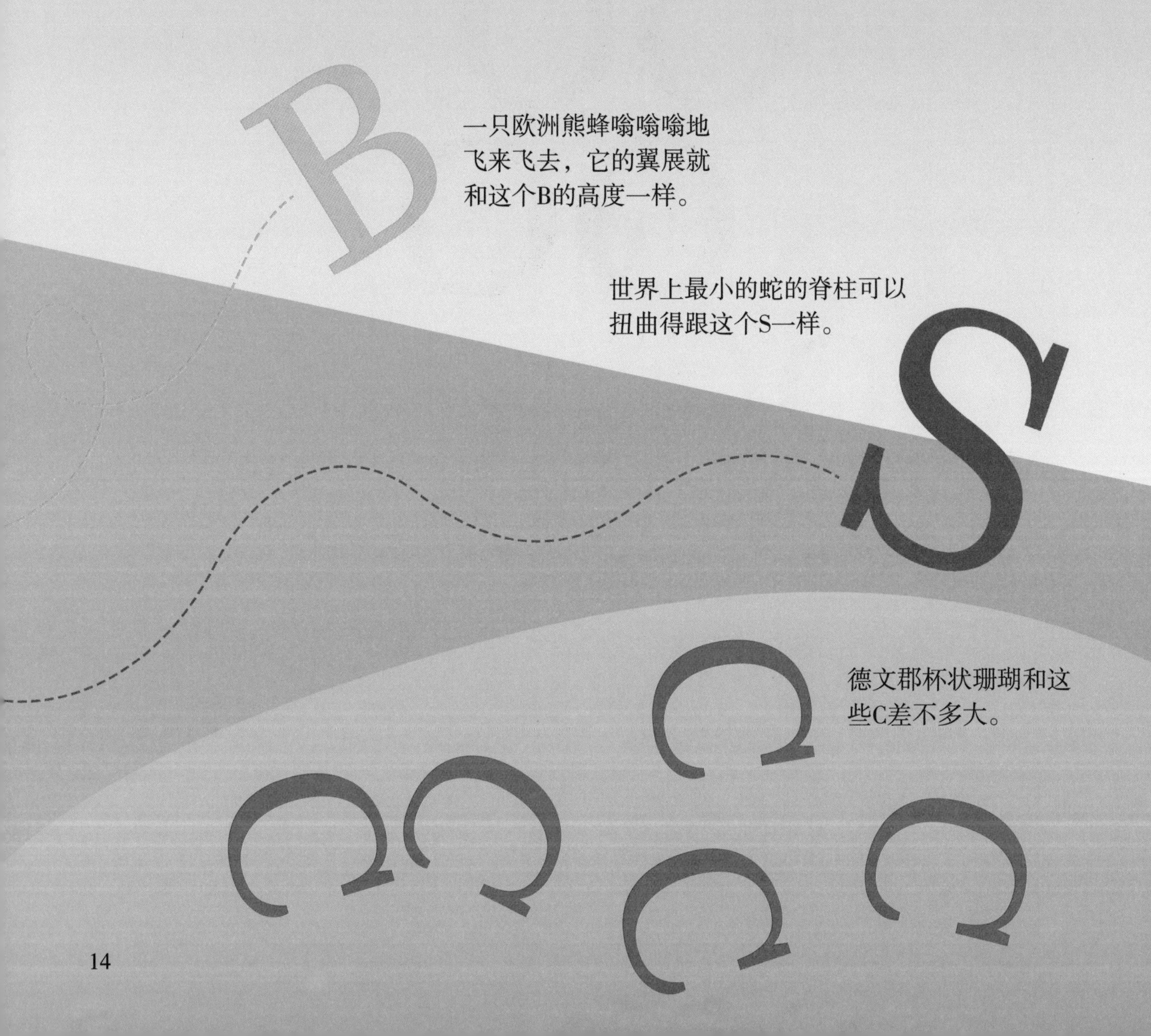

接下来的这种
动物需要独占
一页……

衣蛾的两只翅膀
加起来和这个m
一样宽。

尺蠖和这个I一样大。

世界上最小的蕨类植物的
叶子和这些f一样。

hoosh!

呼，好大的飞蛾！

世界上翼展最大的飞蛾——
强喙夜蛾——的翼展
就跟这个W的宽度一样。

把你的下巴和这一页的左侧
边缘对齐。

看看你的舌头
能伸多远，
再跟这些动物的“舌头”
比一比……

这是管唇花蜜蝠的舌头，
这只蝙蝠正在吸取
花朵深处的花蜜。

这是无瑕红眼弄蝶的虹吸式口器，
这只弄蝶正用它从一朵花中
吸食花蜜。

最后来看看
最长的舌头。
一只大食蚁兽
正在搜寻
可口的点心……
它能找到吗？

咦，怎么又是飞蛾？
这是马岛长喙天蛾，
它正在给一朵兰花授粉。

现在，来了一群有着超强下颚的昆虫——切叶蚁。

这群切叶蚁把这一页咬成80片碎片，

每片的重量都接近它们体重的9倍。

它们把这些碎片搬走了。

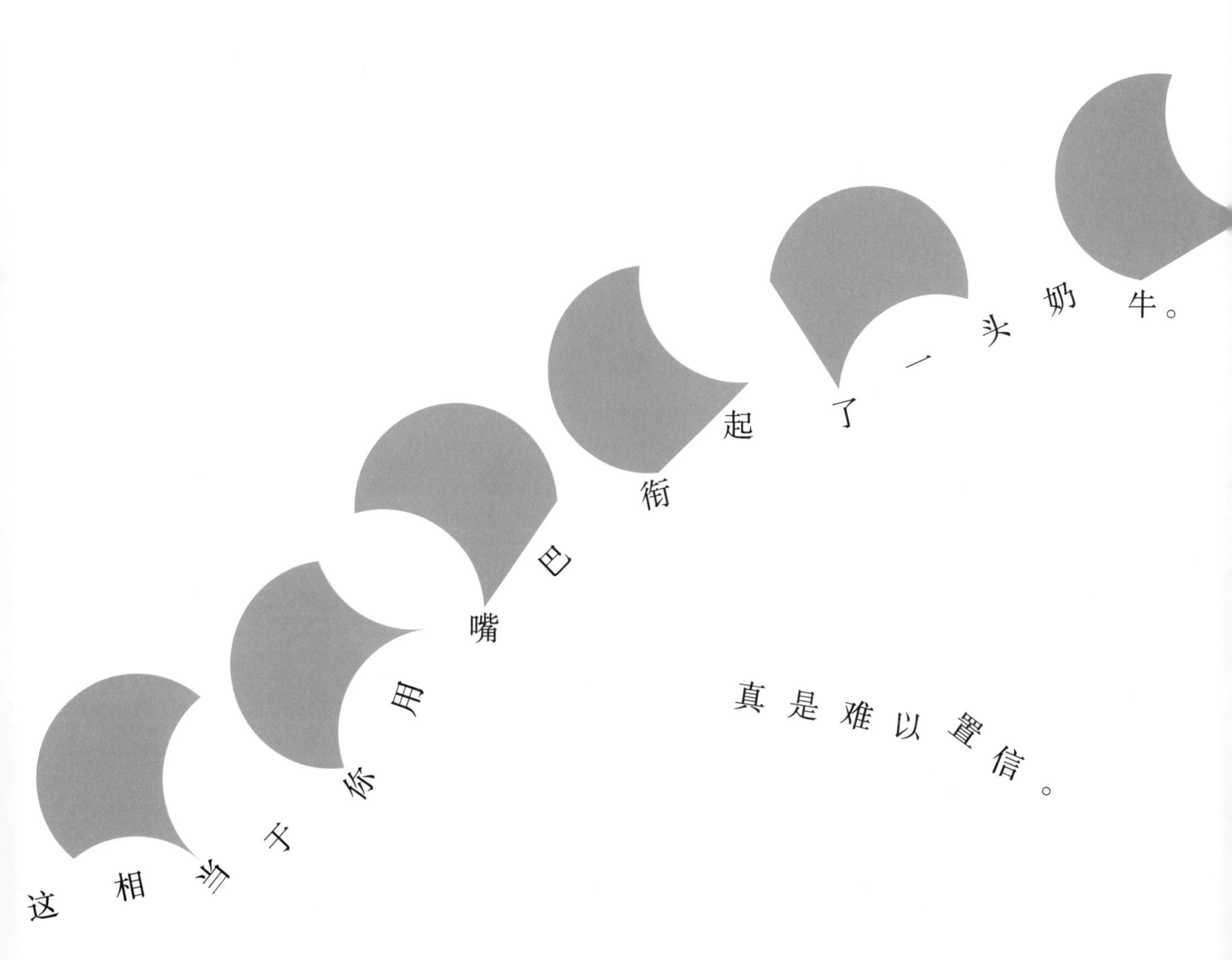

这相当于你用嘴巴衔起了一头奶牛。

真是难以置信。

我的书页来自一片森林。

这些书页大约由0.5千克的木材制成，

这些木材来源于几百棵树，

这些树生长了几十年。

我的黑色油墨来自一片远古的海洋。

这些油墨的颜色来源于石油，

这些石油来源于无数的浮游生物，

这些浮游生物生活在几百万年前。

我有没有提过，其实咱们是亲戚？
很不可思议吧？我来给你讲讲这是怎么回事。

让我们一起追溯，
看看我是怎么来的……

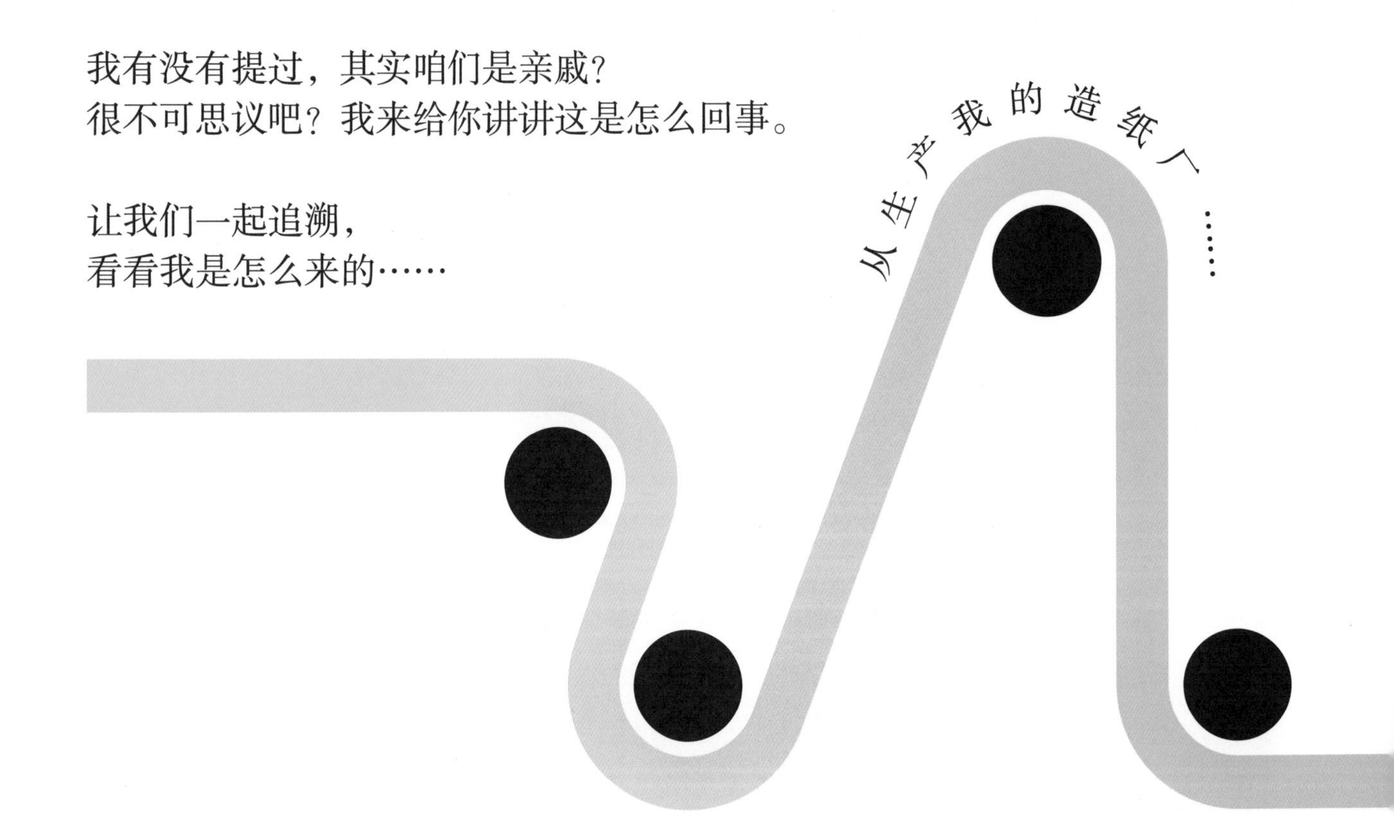

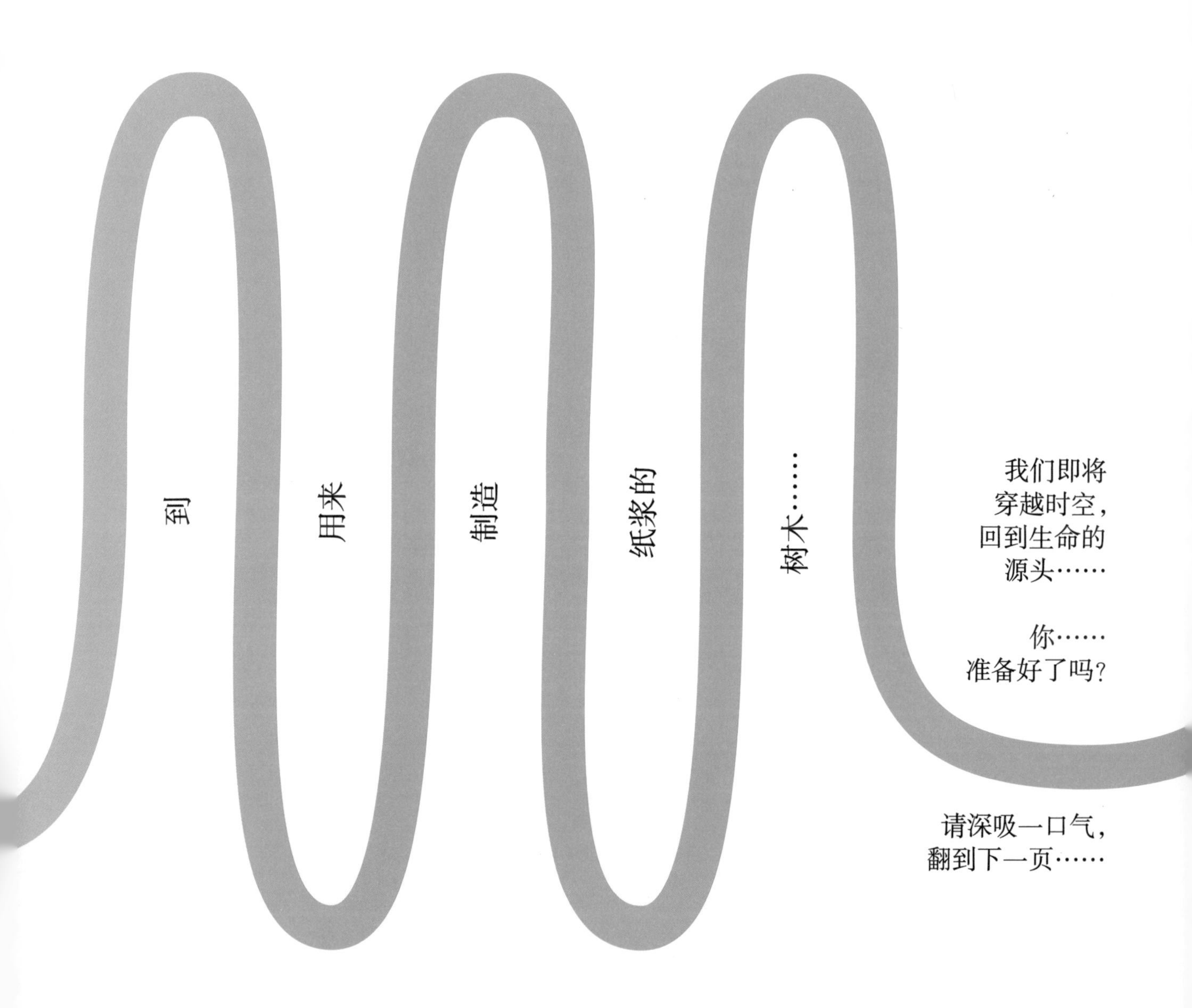

我们即将
穿越时空，
回到生命的
源头……

你……
准备好了吗？

请深吸一口气，
翻到下一页……

树木变成原始的、你不太熟悉的物种——

它们的远古亲戚——蕨类、

苔藓、藻类……

变得越来越小，

越来越奇怪，

直到……

你体内一个细胞里的DNA
全部展开的话
有2米长……

变成18亿年前
我们共同的
祖先。

就像这条线
一样长。

它生活在海洋中，
只有一个细胞——
这是动物（比如你）
和植物（比如制成我的那些树）
共同的“蓝本”。
每一个细胞里
都藏着微小的密码链——
DNA。

DNA在细胞中紧紧地
折叠、
盘绕、
扭曲。
细胞非常小，不用显微镜，
我们根本看不见。

人体中最大的细胞——
卵细胞——
也只有这个箭头上的点那么大。

（对，我说的“箭头上的点”就在这儿……
我以为你已经练过眼力了！）

你看，这里有一个很大的细胞——
它的直径跟我的书页一样宽。

这个奇特的细胞是一种生物，
它既不是动物，
也不是植物。

它生活在海底，
看上去像一个神秘的灰色泥球。

我不知道它喜欢吃什么。
我其实并不了解它。

所有的生物
都会生长——
有些没有生命的东西
也会生长。

把我立起来，
让我给你
展示一下生长的速度。

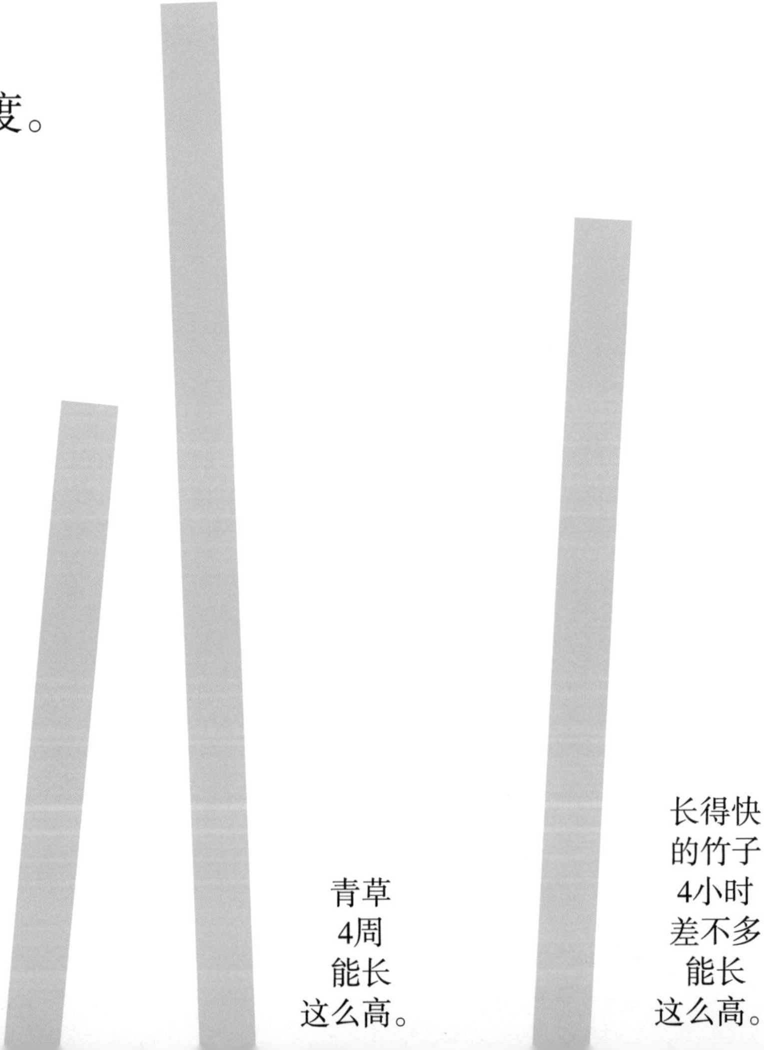

青草
4周
能长
这么高。

长得快
的竹子
4小时
差不多
能长
这么高。

长得最快的钟乳石在混凝土建筑内被发现，仅仅2个月就能向下长这么多。

如果你不剪指甲，2年时间指甲差不多能长这么长。

趾甲长得慢一些。

在阴冷、黑暗的洞穴中，石笋200年能悄无声息地长这么高。

万事万物都在不断变化——
有时慢些，
有时快些。

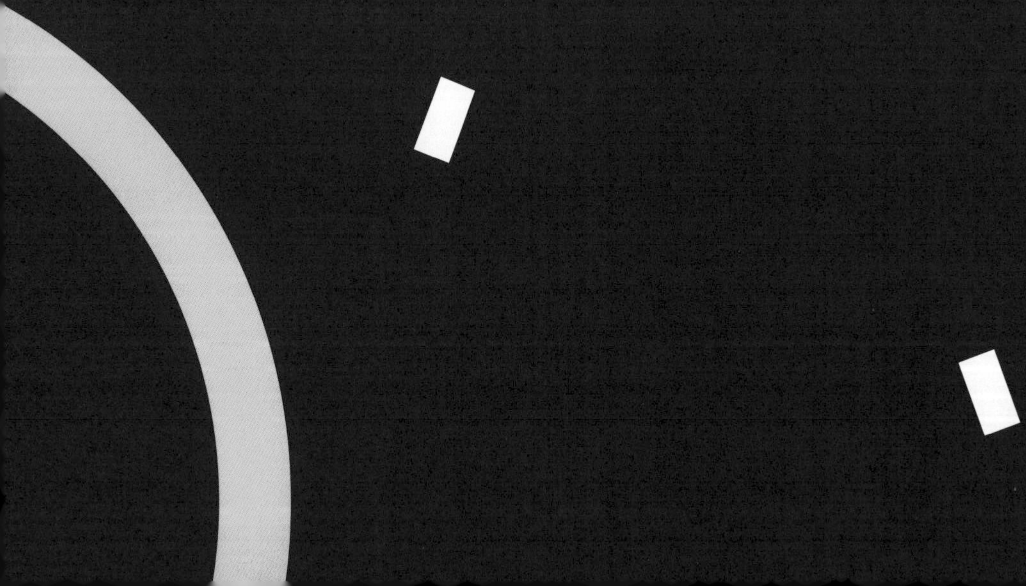

总有事物在产生，
也总有事物在消亡。

就在你翻开这一页时，
4个婴儿出生了……

2个人去世了。

（别担心，
这不是你的错。）

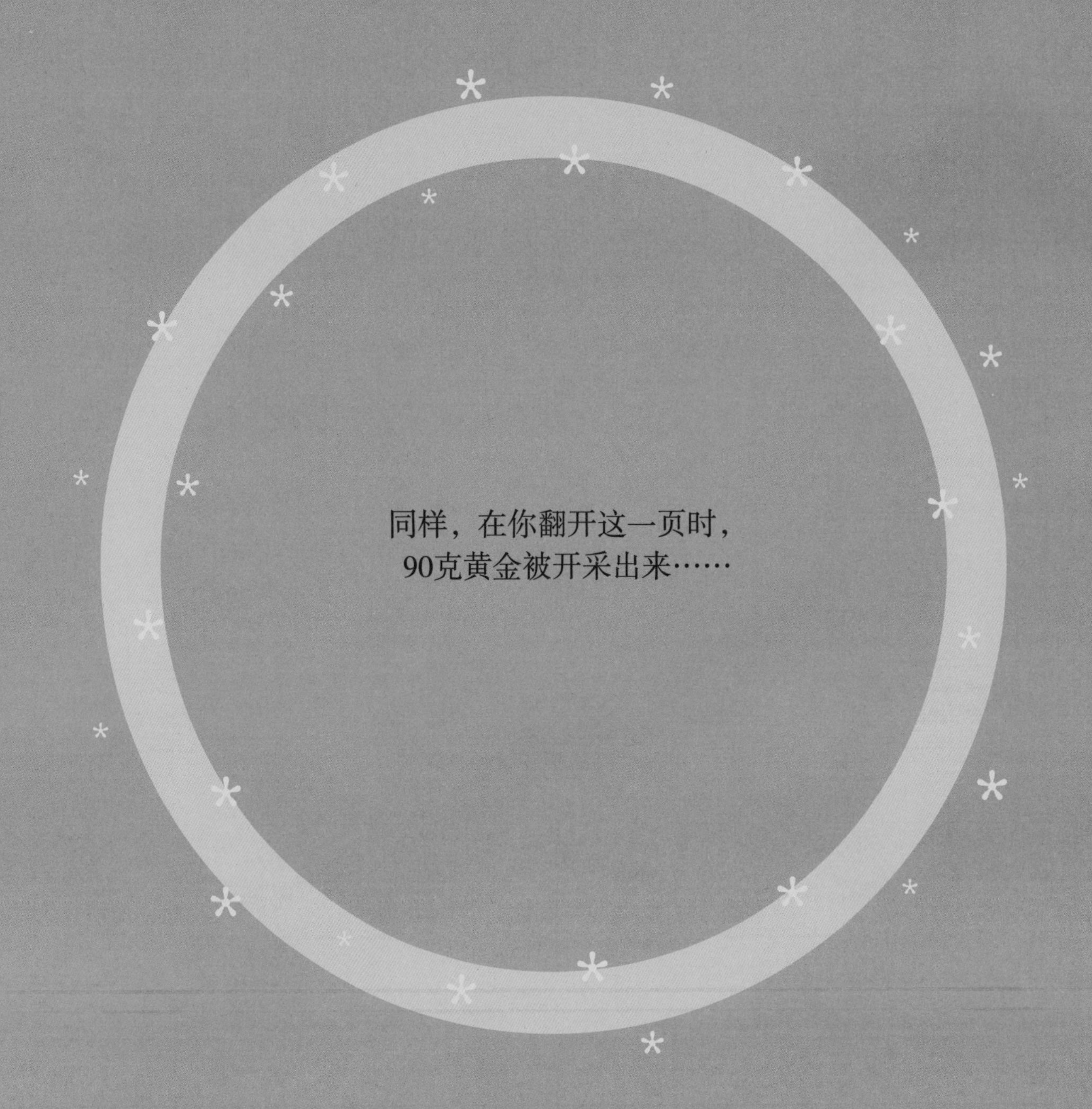

同样，在你翻开这一页时，
90克黄金被开采出来……

1克黄金随着
报废的智能手机

被扔掉了。

还是在你翻开这一页时，
10万颗恒星诞生了……

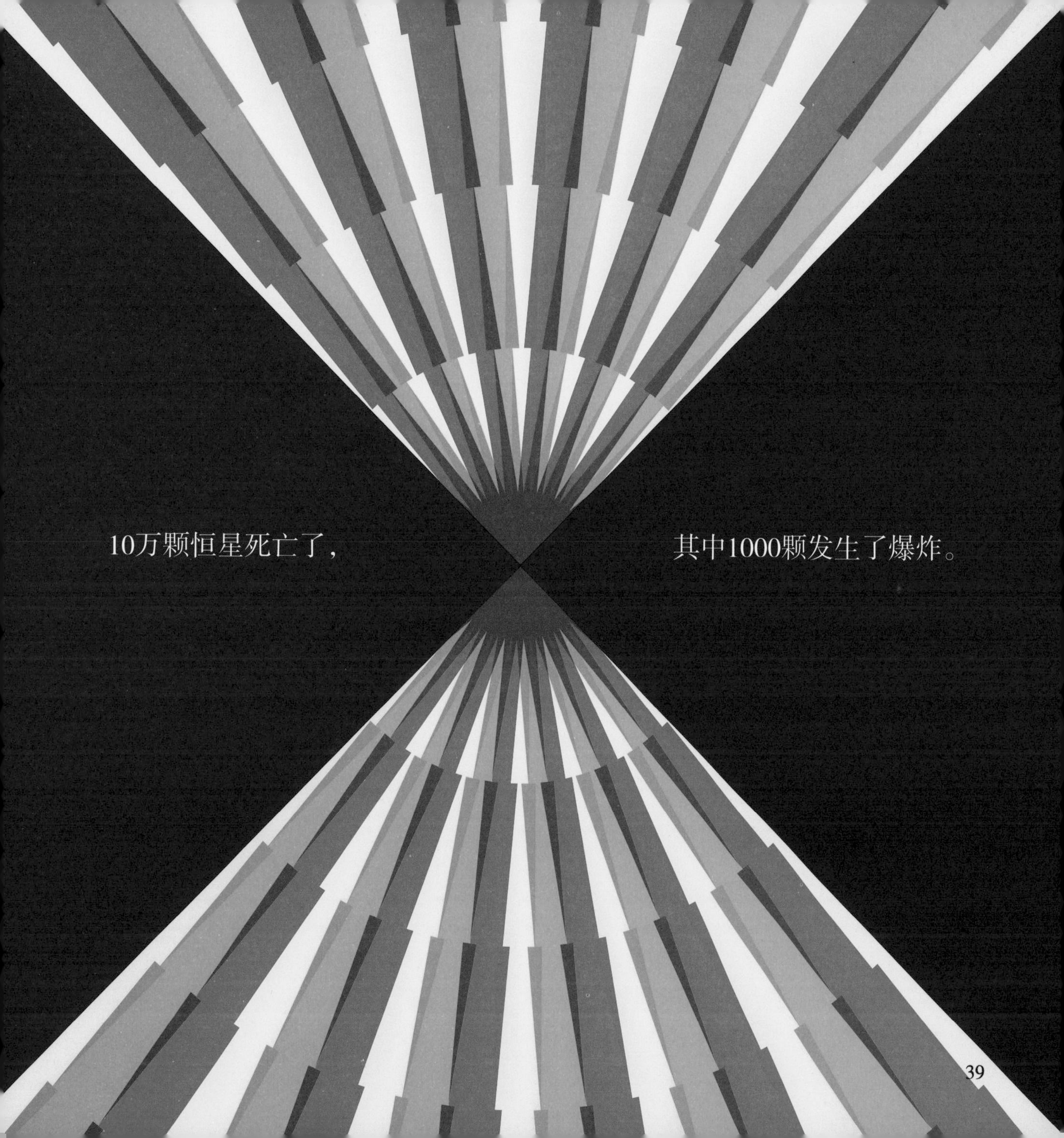
10万颗恒星死亡了，
其中1000颗发生了爆炸。

你知道吗？

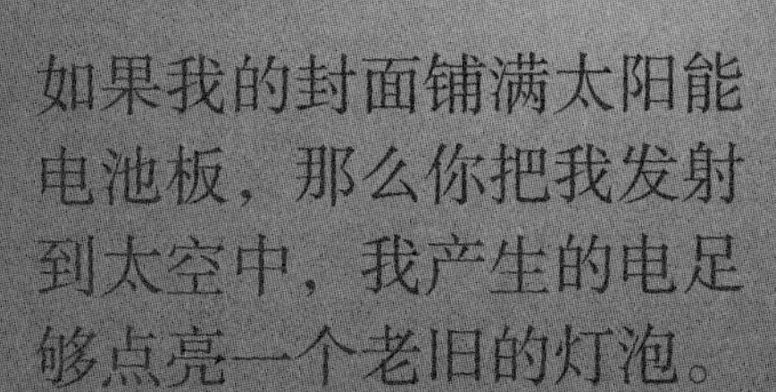

如果我的封面铺满太阳能电池板，那么你把我发射到太空中，我产生的电足够点亮一个老旧的灯泡。

或者“点亮”你的大脑。

（开个玩笑。）

如果声音能在真空中传播，
太阳光就会轰隆隆地照在我们身上。
地球上就会
有100分贝的轰鸣声。
这轰鸣声一刻也不停。

100分贝有多响呢？

用最大的力气
将我合上（小心手指）。

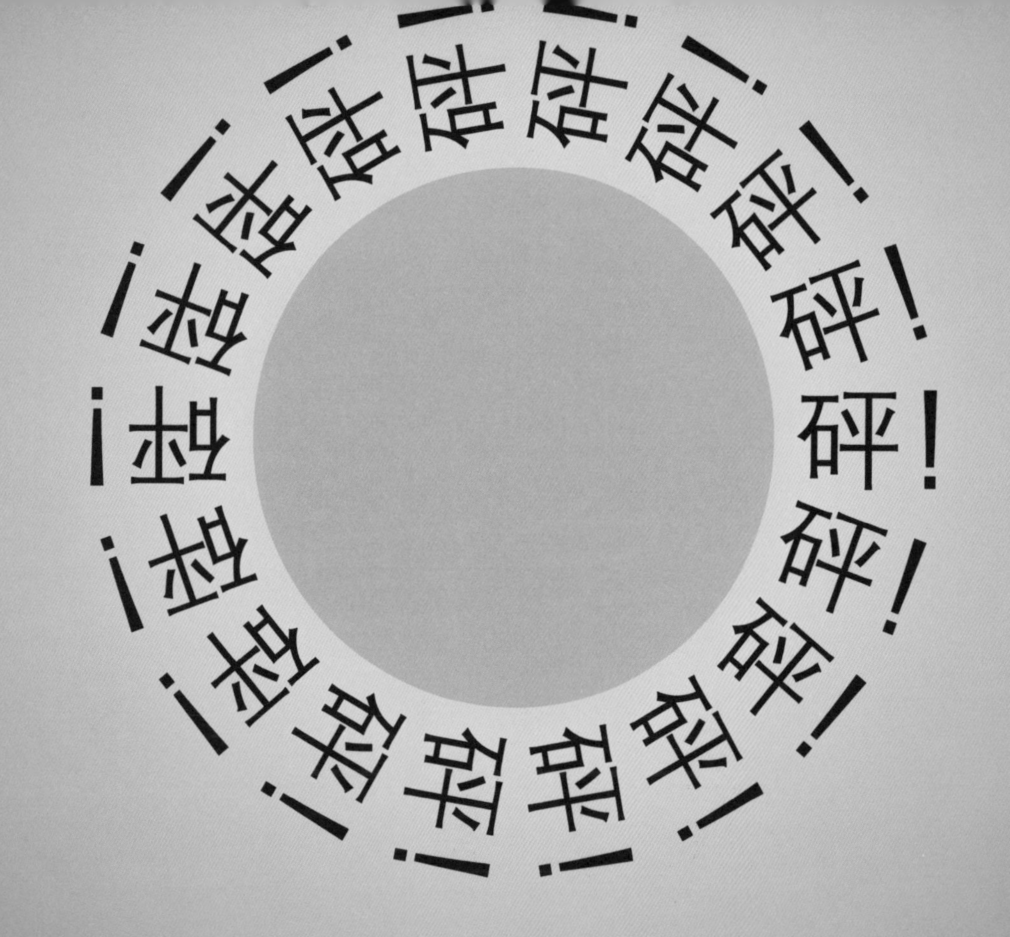

砰！
差不多就是这么响。

要是总这么吵，
你将什么都做不了。

还有一声更响的“砰”——

宇宙
大爆炸。

138亿年前，
宇宙在大爆炸中诞生了。

之后的一秒内，

“遗迹中微子”这种微小粒子出现了。

这些中微子至今仍然存在。

它们很小，

很轻，

可以悄无声息地

穿透几乎所有东西。

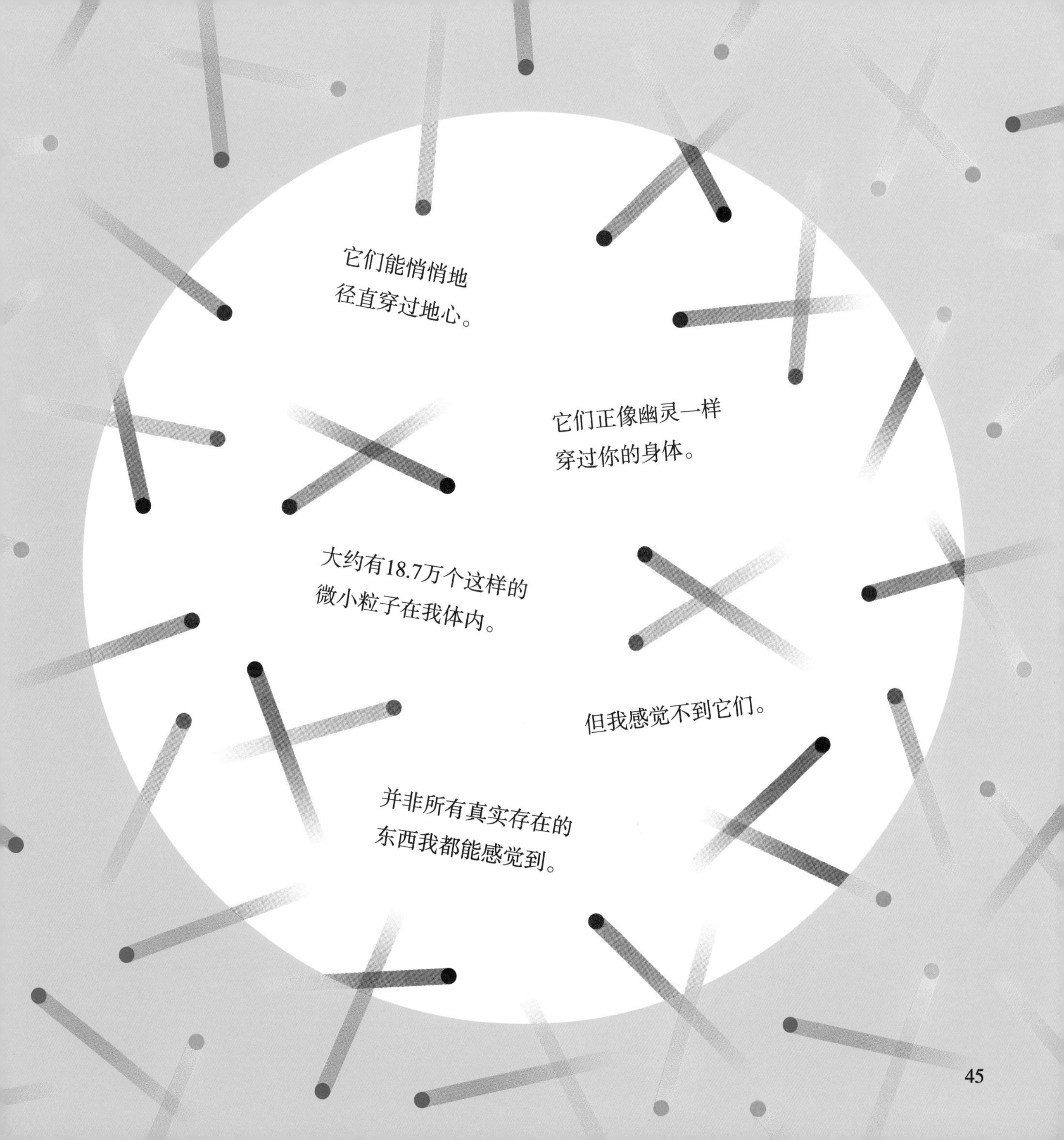
它们能悄悄地
径直穿过地心。
它们正像幽灵一样
穿过你的身体。
大约有18.7万个这样的
微小粒子在我体内。
但我感觉不到它们。
并非所有真实存在的
东西我都能感觉到。

好了，关于奇怪的小粒子我讲得够多了。
现在把我当帽子戴在头上吧！

把我内页朝下顶在头上，
保持平衡。
感受一下增加的压力……
把我拿开，
感受一下压力消失的感觉。

再次把我放在头顶上，
想象我们身处北极的海平面上。

当你把我拿开时，
你所感受到的压力差值
大概相当于你在赤道最高峰上时的体重
和你在北极时的体重的差值。

你的重量会随着
地心引力的变化而变化。
我的也一样。

我的质量是450克。

在月球上，
我会像地球上的一个苹果一样轻。

在木星上，
我会像地球上的一瓶酒那么重。

不过要是在中子星上，
我就会比地球上的一座山还重。
你也会这样。

而且可怕的引力
会把我们俩
拉 拉 拉

拉——拉拉拉
成像意大利
细面条一样
的长条。

还是不要去中子星了。

地心引力很强大，它甚至可以让时间弯曲。

把我立起来，

当1秒钟的时间在页面顶部流逝时，

页面底部的时间只过去了0.99999999999999998秒。

因为在页面底部，地心引力拽得更用力一点点，

所以时间也过得稍微慢那么一点点。

让我们来看看
地心引力还能
干什么。

把我合上并端平，
举到离地面
1米高的地方。

然后松手。

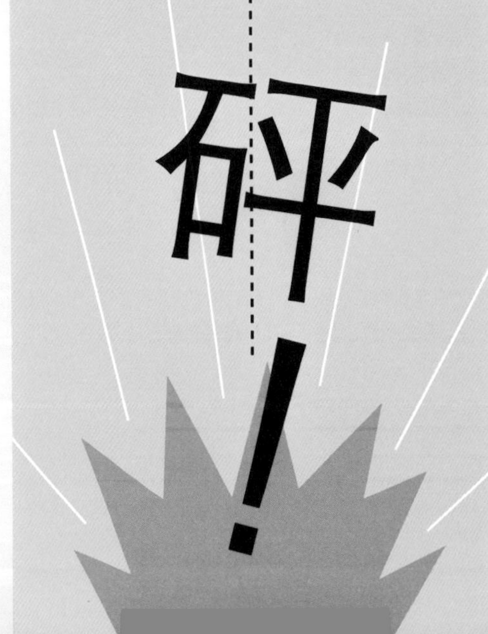

啊！
好疼！

我用了半秒钟，
以每小时
15千米的速度
撞到了地面。

但我有时也会想象
自己从更高的地方——
比如从10千米
高的高塔上
——落下来。

我会把书页都
封在一起，
以免它们翻动，
然后，我从高塔上

坠

落。

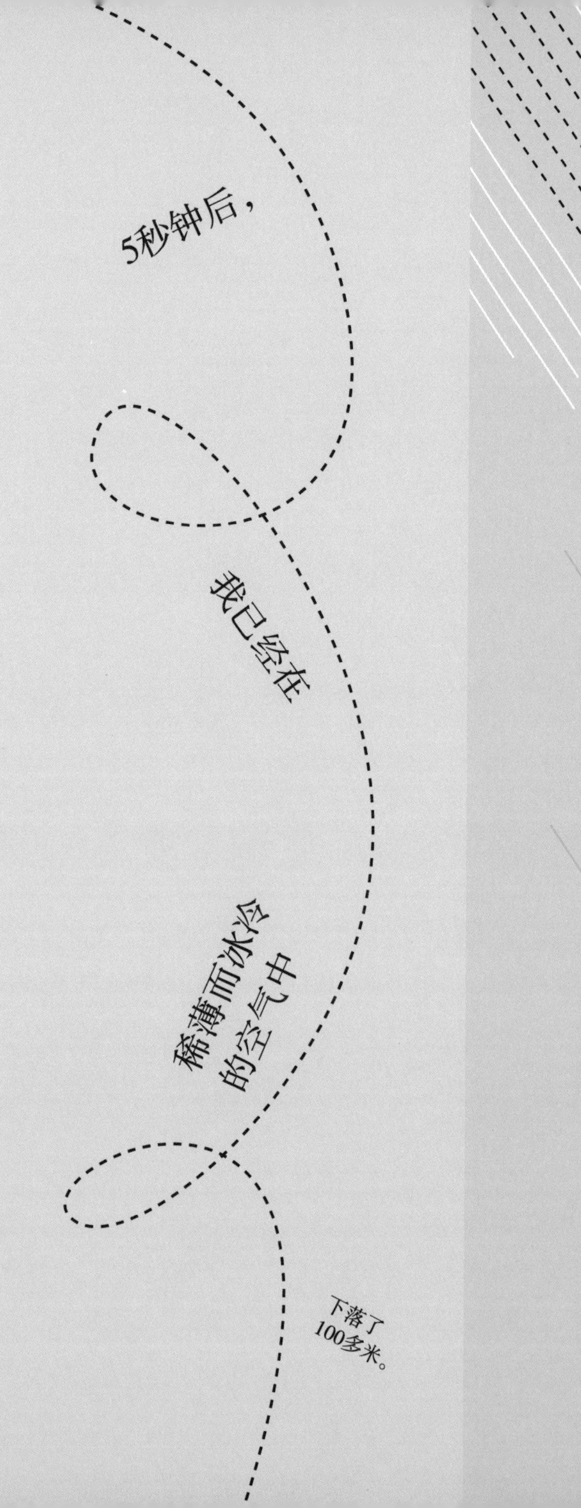

刺骨的寒风吹得我
左右摇摆，
我身上结满了冰霜。

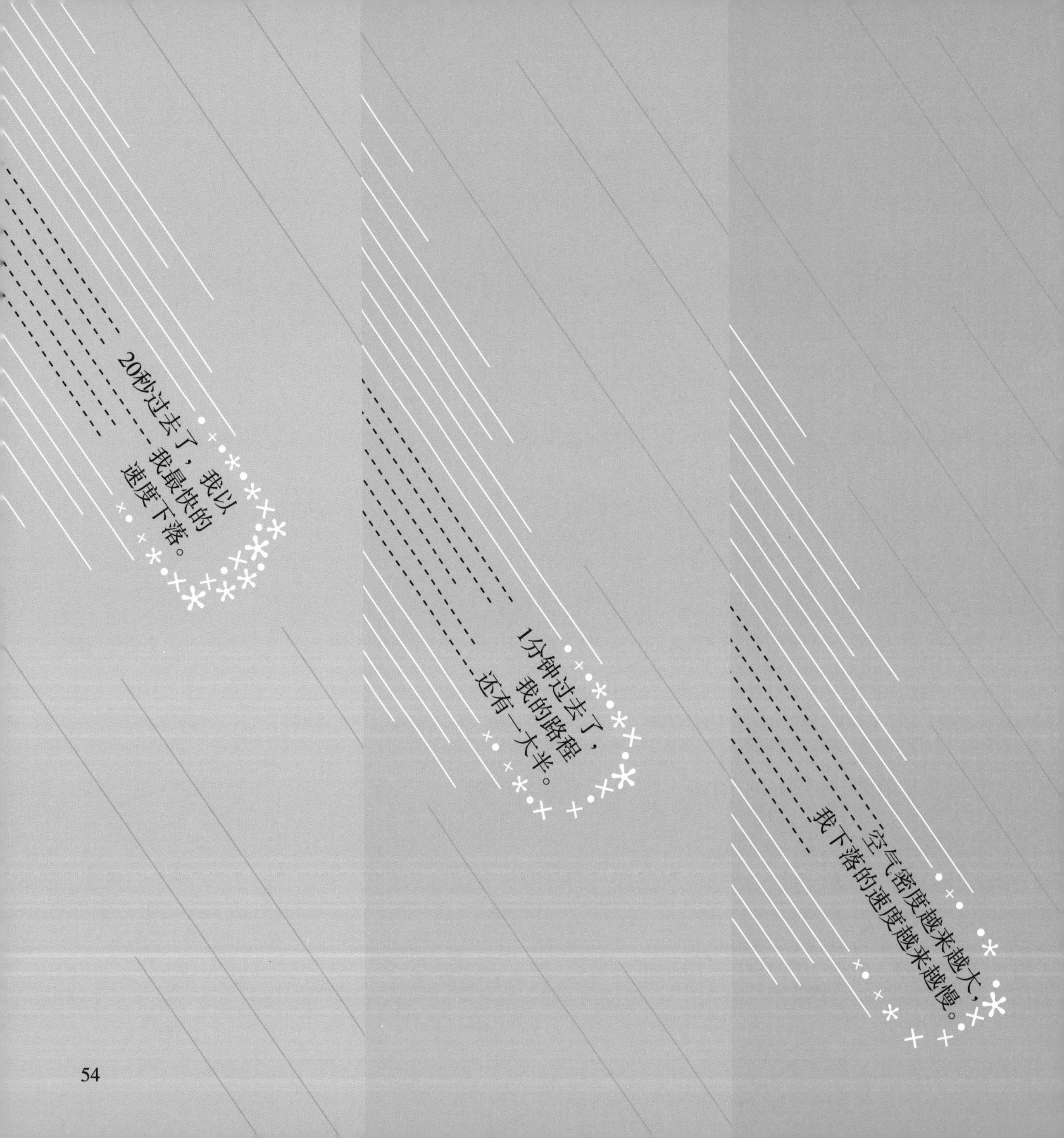
20秒过去了，我以
我最快的
速度下落。
1分钟过去了，
我的路程
还有一大半。
空气密度越来越大，
我下落的速度越来越慢。

当我穿过最后一层云，

浓密的森林旋转着映入我的眼帘……

转啊

转，

转啊

转，

转啊

转，

转啊

转，

转啊

转，

转啊

转，

直到……

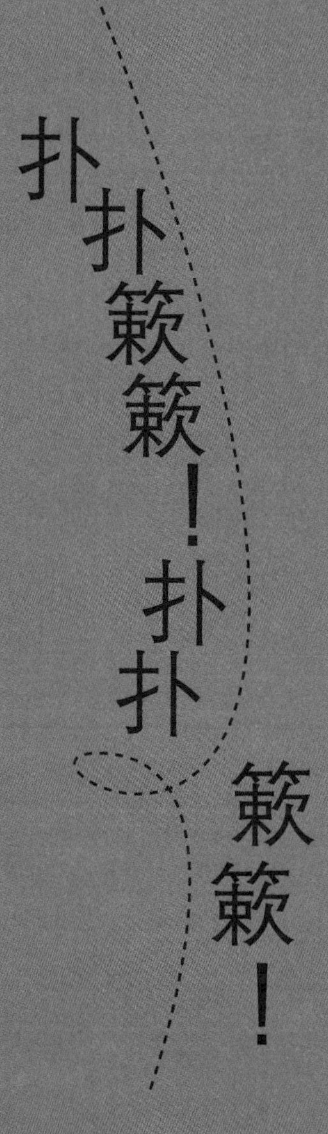

扑扑簌簌！扑扑簌簌！

我降落在一棵大树
柔软的枝条上，
终于停了下来。

现在我安全着陆了，
把我放到桌上吧。

把我的书页掀起来，
让它们垂直于桌面，
然后
松手。

你有没有感受到页面落下时的微风？

这些流动的空气的体积大约相当于成年人的肺的容积。

这些空气中的氧气足够你维持生命一两分钟。

如果你是屏气冠军，这些氧气足够你维持生命12分钟。

深吸一口气，再呼出来。

准备好开始下一场冒险了吗？请翻到下一页……

（好了，不用再屏气了。）

下面是一项阅读小测验。
准备好了吗？现在开始！

从你开始阅读这段文字到现在，
我们的银河系已经在宇宙中
移动了3000千米；

到现在，
太阳已经在银河系中飞速运行了1200千米；

到现在，
地球已经绕着太阳转了300千米；

到现在，
太阳已经把230万太焦耳的能量
传送到了地球上；

到现在，
植物和浮游生物
已经将72太焦耳的太阳能转化成糖，
其中植物吸收了32万吨二氧化碳，
并释放了24.3万吨氧气；

到现在，
你已经吸气7次，
呼气7次；

你的身体已经产生了
8400万个红细胞，
将氧气通过血液循环
输送到你的大脑——
读完这句话时，
你耗费了这些氧气，
这总共大约花了40秒的时间。
做得不错。

假设脑袋突然离开了身体呢？

你的大脑大约还能
工作5秒，差不多够读完这句

开个玩笑，一切正常。

你还在这儿，
我也还在这儿。

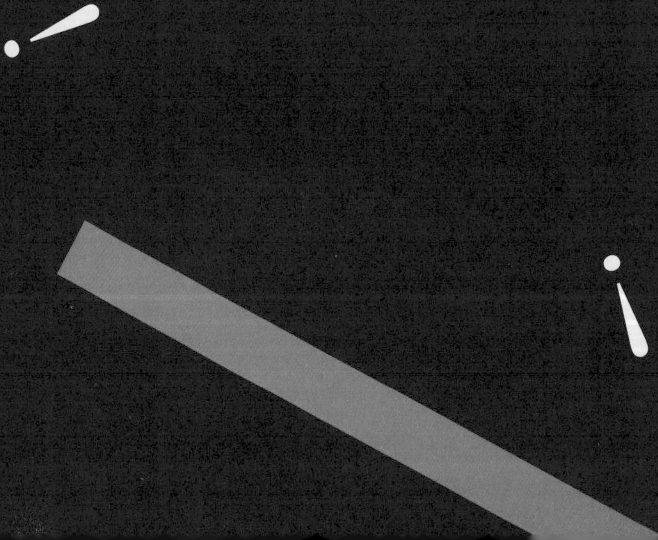

把我拿在手里，
感受我有多大。

让我来给你展示一下
我是用什么做成的
（以及如果我是
用别的东西做成的
会怎么样）。

想吃点儿好吃的吗？吃我吧。

我的这些书页含有1200千卡热量，

这相当于5条这么大的

牛奶巧克力含有的热量。

你不饿啊？

好吧，你看穿了我的小把戏。

制成我的纸张中都是人类无法消化的纤维素，

而你不是山羊。

你是个聪明的小孩。

如果我是水做的，

你可以把我倒进玻璃杯，
喝下去。
我能装满一听汽水罐，
还多出来半听呢。

这么多液体
足够你维持生命6小时。
如果你是一只小老鼠，
那就足够你维持生命3个月。

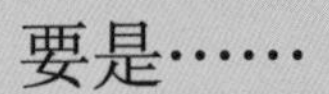

要是……
我是用一些更令人激动的东西做的呢？

如果我是用闪闪发光的金子做的，
你可就发大财了！

我会特别值钱，
你能用我买下一座房子。
我还会特别重，
跟一个一岁半的小孩一样重。

小心哟，千万别被我砸到脚。

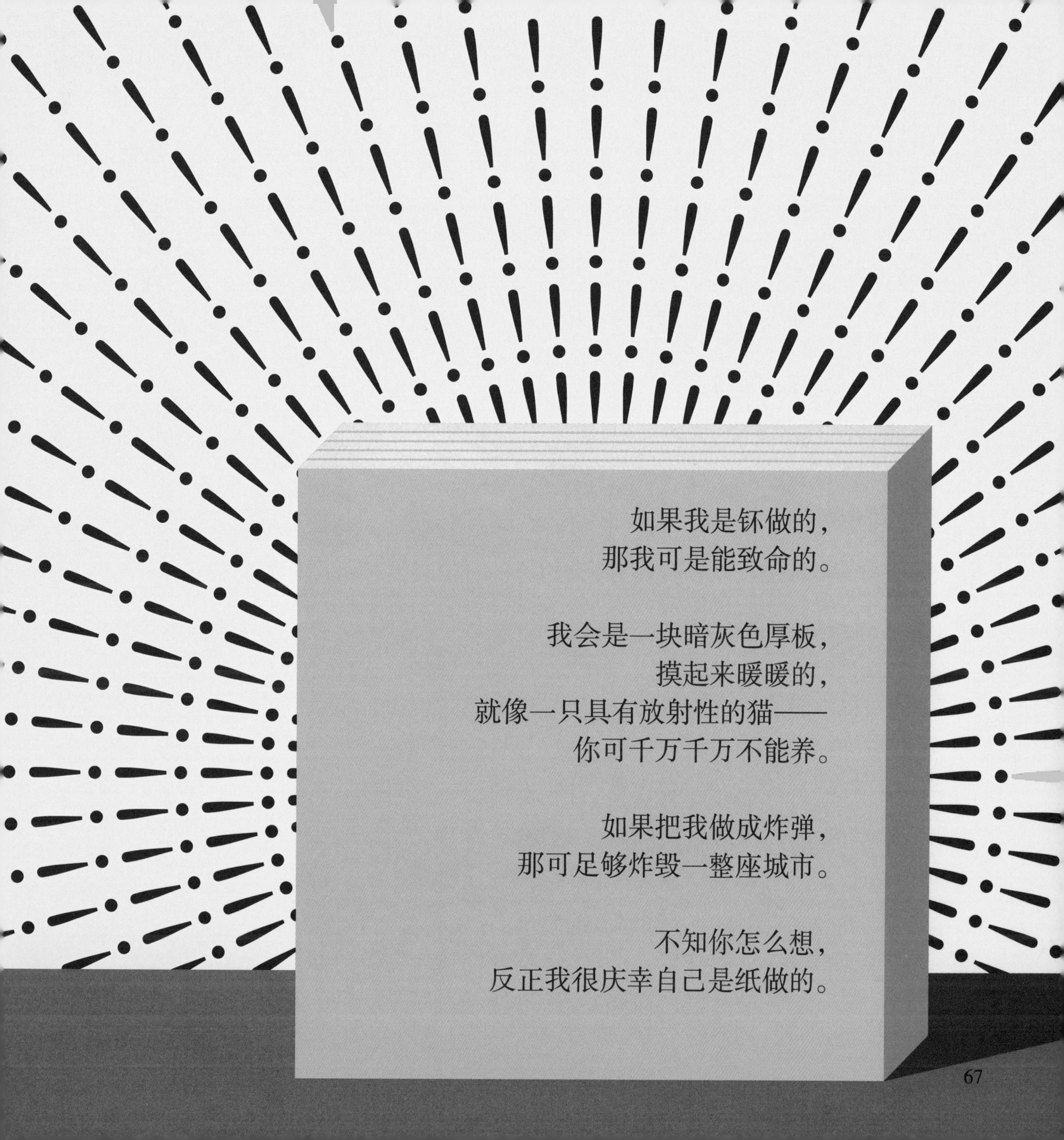
如果我是钚做的，
那我可是能致命的。
我会是一块暗灰色厚板，
摸起来暖暖的，
就像一只具有放射性的猫——
你可千万千万不能养。
如果把我做成炸弹，
那可足够炸毁一整座城市。
不知你怎么想，
反正我很庆幸自己是纸做的。

虽然我立起来
只有20厘米高，
但我也是由
很多很多分子
构成的。

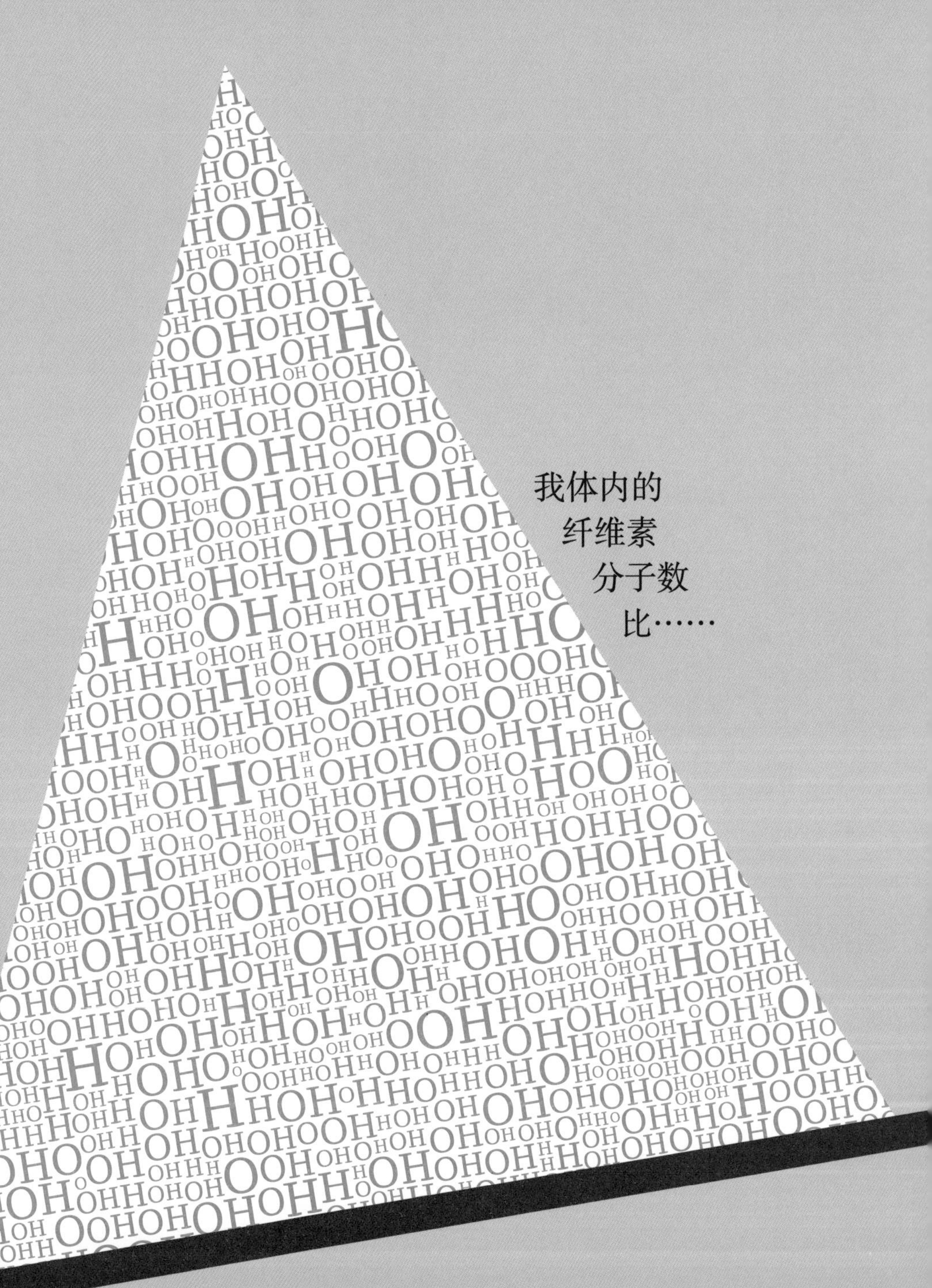

我体内的
纤维素
分子数
比……

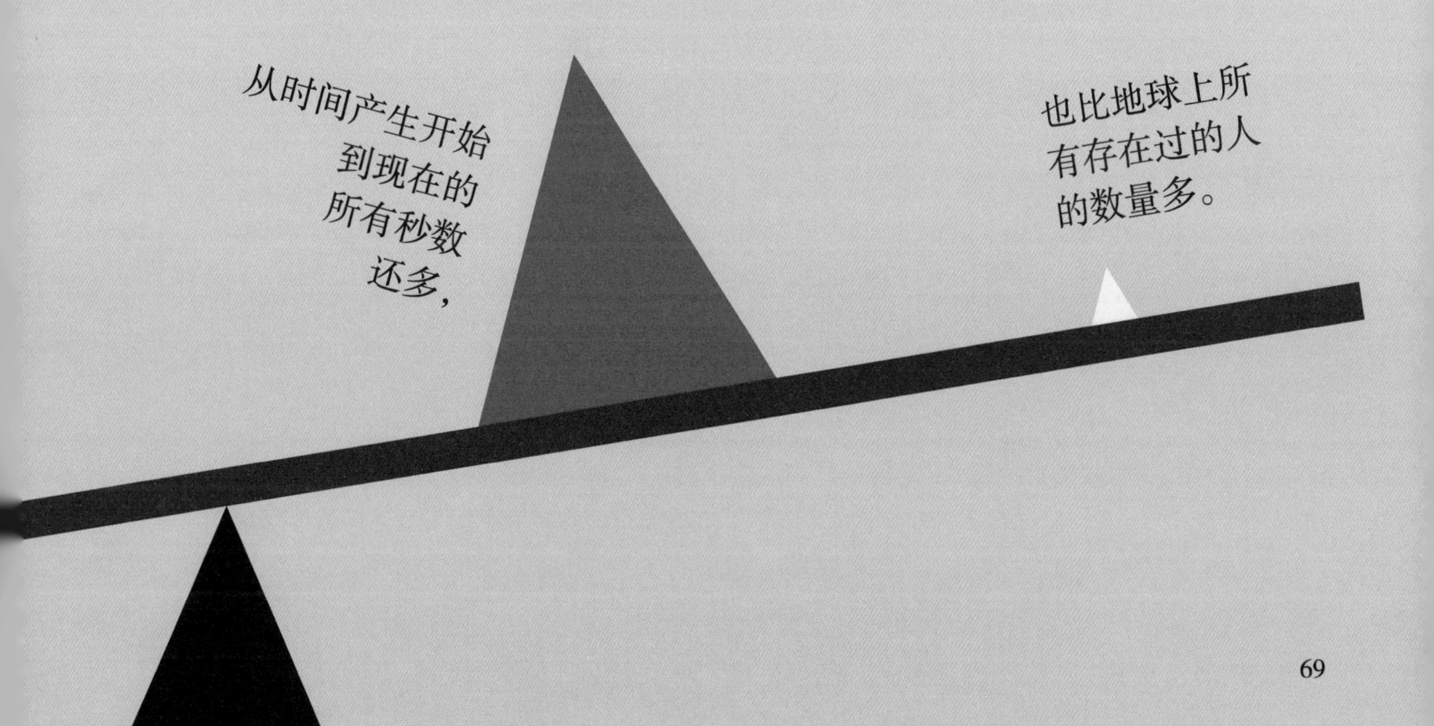

从时间产生开始到现在的所有秒数还多，

也比地球上所有存在过的人的数量多。

把我平摊在草地上，
轻点儿哟。

我下方的土壤里，
大约有……

10只蛞蝓和蜗牛，
30只蚯蚓，
500只昆虫、蜘蛛、多足类动物，
1万只螨虫，
50万只线虫；

有100多万个
单细胞
原生
生物；

还有
上百万亿个
细菌和古生菌。

把我举到空中。
（别直视太阳！）

在被我挡住的这一小部分太空中，
有6,000,000,000,000,000,000,000*颗恒星。

* 可写作6×10^{21}，
读作“六十垓”。

其中每10颗里面有9颗由于太　　　　黯淡了，
我们用任何望远镜都看不到。

大部分恒星在以比光速还快的　速　　　度
离我们　　　　　　　　　　　远　　　　　　　　　　去。

世间万物都在运动，
包括那些我们以为不动的。

每年，
伦敦会远离纽约
这么多，

月球会远离地球
这么多，

地球会远离太阳
这么多。

在刚刚过去的60秒里，
磁北极移动了
这么多，

磁南极移动了
这么多，

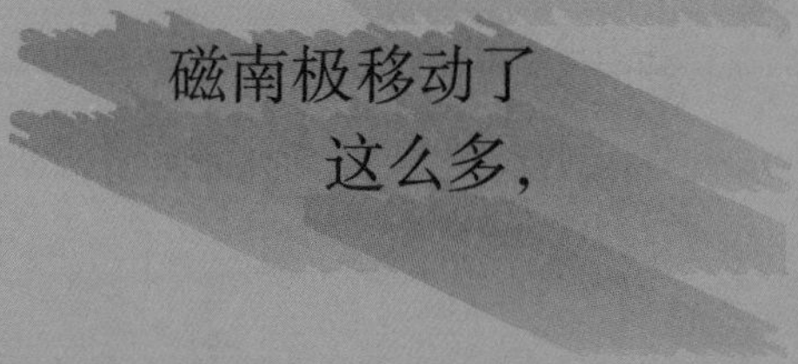

南北磁极
会继续移动，
直到有一天……

地球的磁场
陷入

混乱、

扭曲、纠缠。

小磁极从四处
冒出来……

你现在待的地方
可能就会冒出来一个。

过一段时间，
一切又会稳定下来，
但跟以前有些不一样……

磁南极会移动到
现在磁北极
所在的地方。

该买个新的指南针了。

在这些事情发生前，
咱们还是向北进发吧……

磁北极会移动到
现在磁南极
所在的地方。

如果我
是一块 北极海冰，

那么我会
和你家客厅的天花板 一样高，

跟一名重量级拳击手 一样重。

我会冻得 硬邦邦的，最冷的部分 比铁还硬。

但是，
你只需开车1小时，
你的汽车排放的温室气体
就足够……

使我融化。

冷的部分

南极的冰川
也在融化。

全世界都在变暖。

把我立起来，
看看这意味着什么。

那么这就是现在的海平面，

如果书页的底部是15年前的海平面，

这是15年后的海平面。

再往后呢？
我也不知道。

我把知道的
几乎都告诉你了。

我慢慢变重了，
褪色了。

我有点儿困了，
开始说……说不……
说不清楚话了。

我该睡觉了。

时间每过去1秒，就会有相当于我质量7倍的气体飘进太空。

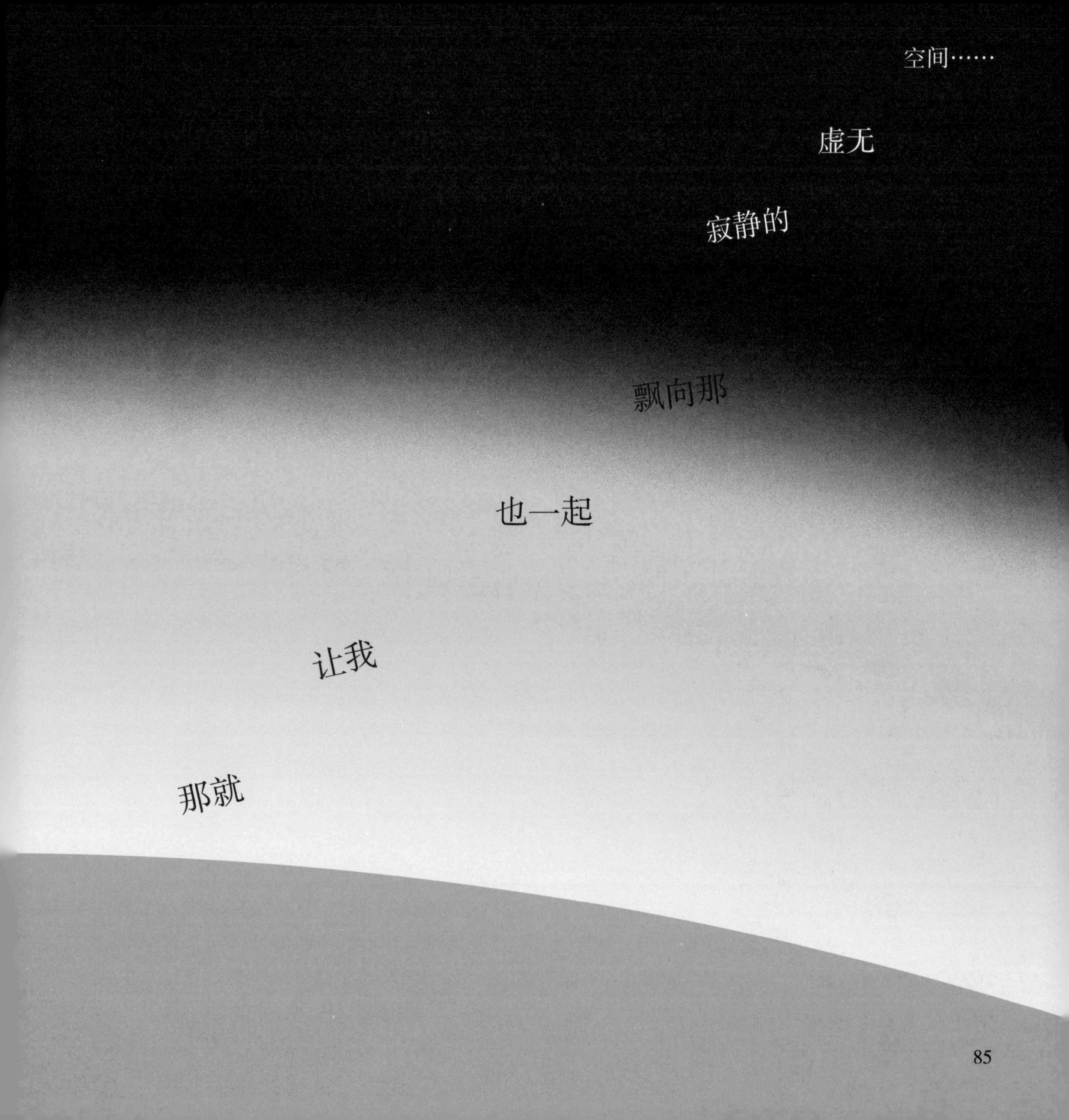

那就

让我

也一起

飘向那

寂静的

虚无

空间……

飘到

月球上，

在

那儿

躺下

休息。

200年后，我会收集到
跟这页纸一样厚的
月球尘埃。

月球会是适合我
做梦的好地方。

我是一本书。
我曾经是
通往宇宙的传送门。

抬起头
看看你周围的一切。
宇宙
正等着你去发现。

你看向的每个地方，
都将打开一扇
全新的传送门。
我的任务结束了，
请最后一次
翻页吧。

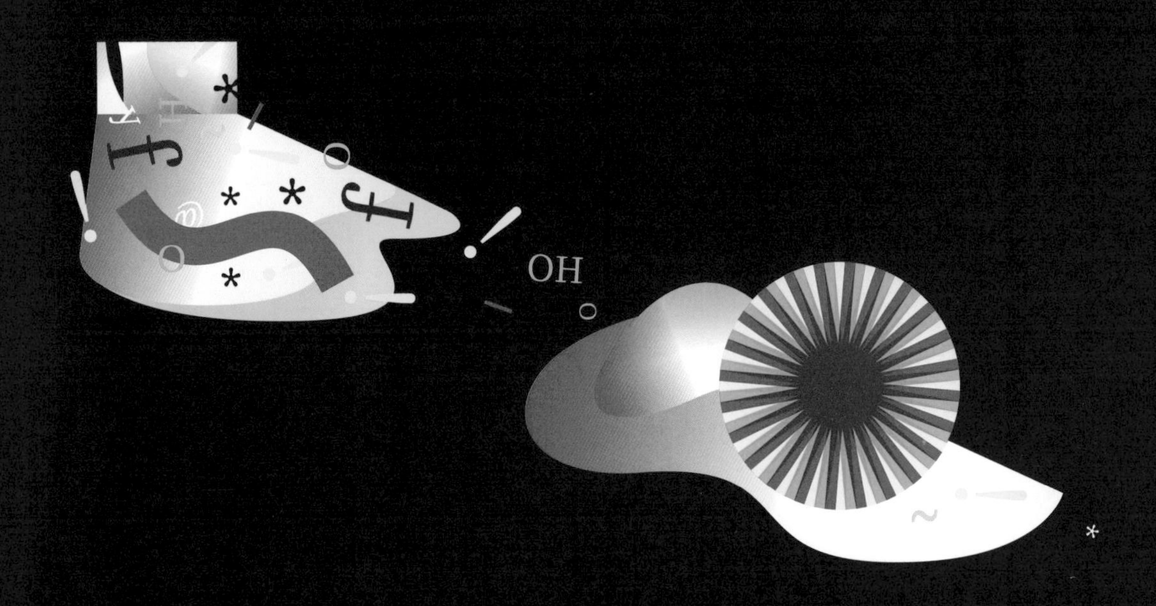
OH

那就，再见啦。
（你要走了吗？
把我合上吧。）

还没有合上哟。
我还能看到你。

我刚刚给你讲的那些奇妙的事，
你还想了解更多，对吗？

那咱们一起拉开幕布
偷偷看一眼吧……

石油
前温暖
的植物和动
浮游生物死后
高压下形成石油这
液体。石油非常古老，
恐龙灭绝之前（6600万
了。

亲戚：
的生命都由同一
。因此，你跟所有
包括制成我的那些
系。

藻类：
是从绿藻进化而
一条穿越时间的

附录

开始这段旅程前，有几件事你需要知道。

把我放到秤上后你可能会看到，我的质量比450克稍微大一点点——我的质量会因为我吸收空气中的水分而变大，在潮湿的房间里更是如此。

现在，我们聊聊前面那些数字都是怎么来的吧！

P10~11：按一下这个点

你刚刚留下了10万个细菌：

你的手上布满了细菌。你摸物品（比如这页纸）的时候，就会在物品上留下一些细菌。医务人员每平方厘米皮肤上大约有4000～450万个细菌。我们假设你每平方厘米皮肤上有100万个细菌，你指尖的面积约1平方厘米，你用指尖按一下这页纸大约会留下10%的细菌。那么，你每按一下都会留下大约10万个细菌。

P12~13：眼睛

O的大小：

这些O的大小真的就是对应动物眼睛的平均大小。

鬼面蛛的眼睛：

世界上眼睛最大的蜘蛛是生活在澳大利亚的鬼面蛛，它的学名叫撒网蛛。它虽然长相可怕，但没有毒性。它头胸部中间的两只大眼睛直径达1.4毫米。在夜间，它的视力特别好，比猫和猫头鹰的视力还好。

P14~17：字母

欧洲熊蜂的翼展：

欧洲熊蜂的工蜂翼展2.2~3.4厘米。这个字母B高2.8厘米，它横过来就像一对翅膀。

世界上最小的蛇：

卡拉西方细盲蛇是目前已知最小的蛇。成年蛇的身体完全伸展也只有10厘米长。

德文郡杯状珊瑚的大小：

德文郡杯状珊瑚是一种单体硬珊瑚，直径约2.5厘米，分布在欧洲沿海。

世界上最小的蕨类植物：

在美洲的池塘里生活着一种叫作卡州满江红的水生蕨类植物，它们在水面能长成4厘米厚的一层，叶子最长只有1.5厘米。

尺蠖的大小：

尺蠖是尺蛾科飞蛾的幼虫。尺蛾科有1200种飞蛾。尺蠖一般只有2.5厘米长。

衣蛾的翼展：

常见的衣蛾翼展有1.3厘米。衣蛾吃羊毛和其他天然纤维，是衣物破损的罪魁祸首。

世界上翼展最大的飞蛾：

强喙夜蛾生活在中美洲和南美洲。它的翼展是所有飞蛾和蝴蝶中最大的，可达30厘米。

P18~19：舌头

弄蝶的虹吸式口器：

蝴蝶的口器有点儿像舌头和吸管的结合体。不吃东西的时候，蝴蝶就会把口器卷起来。无瑕红眼弄蝶的口器是所有蝴蝶中最长的，完全伸开长达5.2厘米。生活在哥斯达黎加的弄蝶可以说是“花蜜抢劫者”——它们从花中吸食含糖的花蜜，却不帮花授粉。

管唇花蜜蝠的舌头：

管唇花蜜蝠是一种很罕见的蝙蝠，跟小鼠差不多大，生活在厄瓜多尔的云雾林中。它的舌头长8.5厘米（是体长的1.5倍），在不使用的时候舌头缩在胸腔里。如果人类有类似的舌头，那将长约3米。这种蝙蝠用它长得惊人的舌头从一种长长的管状花中吸食花蜜。

马岛长喙天蛾：

1862年，查尔斯·达尔文收到一朵来自马达加斯加的兰花——大彗星风兰。这种花的花朵是星形的，每朵花都有一个长达35厘米的蜜腺（储存花蜜的部位）。“天哪，什么样的昆虫才能吸到它的蜜？”，达尔文这样写道。几天之后，他提出了他的预测：马达加斯加一定有种飞蛾，它的口器特别长，长到可以给这种兰花授粉。这一预测在5年之后得到了阿尔弗雷德·罗素·华莱士的附和。40年后，人们发现了马岛长喙天蛾——它用长达20厘米的口器来吸食大彗星风兰的花蜜。

一只大食蚁兽正在搜寻可口的点心：

大食蚁兽生活在中美洲和南美洲。没有牙齿的它用狭长的管状舌头（长达60厘米，是所有动物舌头中最长的）探入白蚁和蚂蚁的巢穴，每天能吃掉3万只白蚁和蚂蚁。

P20~21：蚂蚁

力大无穷的蚂蚁：

芭切叶蚁也生活在中美洲和南美洲。它们用强有力的下颚切碎树叶，然后将树叶碎片带回巢穴用于培育真菌作为食物。研究发现，蚂蚁平均可以拖动质量是其质量8.8倍的树叶。因此，一只质量为8毫克的蚂蚁可以运送70.4毫克的树叶。我的一页纸质量为5.6克，所以80只8毫克的蚂蚁可以把这一页纸切碎后一趟运走。

用嘴巴衔起一头奶牛：

全球成年人的平均质量为62千克，乘以8.8约等于546千克——这跟一头中等体形的奶牛的质量差不多。

P22~23：森林

这些书页大约由0.5千克的木材制成：

制造我所用的纸包含64%的原生木浆（一种纸浆），其余原料是颜料、填充剂、黏合剂和水。我的质量大约是450克，因此我含有约288克纸浆。化学制浆指从木材中去除木质素，留下纤维素用来造纸。纸浆厂的纸浆得率是商业秘密，但是我估计1千克木材可产出450克纸浆。因此，需要640克木材才能制造出我书页里的288克纸浆。

这些木材源于几百棵树，这些树生长了几十年：

纸张可以由云杉、冷杉、桉树等树的木材制成。制造我的纸张所需的木材来自可持续种植园——在这里，树木生长几十年后才被砍伐，然后土地又被种上新树苗。造纸行业经常使用锯木厂的边角料作为原料，这意味着每棵树只有很小的一部分变成纸浆。因此，一批纸往往源自成百上千棵树的木材。

这些油墨的颜色来源于石油，这些石油来源于无数的浮游生物：

印刷油墨中的黑色颜料通常来自一种叫作碳黑的化合物，这种化合物由石油燃烧后的残留物制成。石油是由生活在几千万或几百万年前温暖浅海中的浮游生物（微小的植物和动物）变化形成的。这些浮游生物死后落到海底，在高温高压下形成石油这种富含能量的液体。石油非常古老，大部分石油在恐龙灭绝之前（6600万年前）就形成了。

P24~27：追溯

其实咱们是亲戚：

地球上所有的生命都由同一个祖先进化而来。因此，你跟所有生物——当然也包括制成我的那些树——都有亲缘关系。

蕨类、苔藓、藻类：

所有陆地植物都是从绿藻进化而来的。我在这几页用一条穿越时间的线来展示进化过程，实际上进化过程更像是一棵树。苔纲、角苔纲和藓纲是陆地植物进化树上最早的分支。后来进化树又形成包括古代蕨类植物在内的其他类群的物种分支。现代蕨类植物和种子植物都是从古代蕨类植物进化而来的。因此，现在的蕨类、苔藓和藻类都是制成我的那些树的亲戚。

18亿年前我们共同的祖先：

树木和人类是很远的亲戚。真核生物（包括所有植物和动物）距今最近的共同祖先可能生活在约18亿年前的海洋中，它既不是植物也不是动物，而是一种单细胞生物。

你体内一个细胞里的DNA全部展开的话有2米长：

DNA携带了告诉生物如何生长和自我修复的化学密码。DNA是一种细长的分子，只有头发的1/40000那么细，在显微镜下看起来就像一把扭曲的梯子，梯子的横档由4种化学物质组成，它们总是以同样的方式配对形成梯级，也就是“碱基对”。人类基因组包含大约30亿个碱基对，它们组成了 23 条染色体。DNA分子紧密盘绕并折叠多次，这使得它们可以挤在细胞里。但如果你把一个细胞中的DNA分子全部拉直并首尾相连，它们会有多长呢？

在最常见的B型DNA中，碱基对之间的距离是 0.34 纳米，乘以 30 亿，结果刚好比1米多一点儿。不过，人体大部分细胞中的染色体都是成对的，所以一个细胞中的DNA全部展开会超过2米长。

P28~29：细胞

人体中最大的细胞——卵细胞：

人类的卵细胞直径约为0.1毫米，在不用显微镜的情况下，我们比较难看见它们。

这个奇特的细胞是一种生物：

脆性介壳虫鲜为人知，甚至没有一个通用的名称。它是一种罕见的单细胞海洋生物，生活在欧洲和北非的海底，看起来像个灰色的泥球，其实只是一个细胞。它的直径可达20厘米，跟我的书页一样宽。

科学家不知道它是如何繁殖和进食的。不过有人推测，它可能会收集周围的废物颗粒，用来培养细菌作为食物。嗯，可口的细菌。

P30~31：世间万物都会生长

青草4周能长这么高：

草每周大约可生长2~3厘米，生长速度取决于地理、气候、时令等因素。

长得快的竹子4小时差不多能长这么高：

竹子是“生长最快的植物”世界纪录保持者。有些种类的竹子每天能长91厘米，每小时能长3厘米——如此之快，你几乎能看见它们在生长。

2年时间指甲差不多能长这么长：

一项针对22名美国成年人的调查发现，他们的指甲平均每个月能长0.35厘米，小指的指甲长得相对慢一些；趾甲每个月约长0.16厘米，大脚趾的趾甲长得稍微快一些。

石笋200年能悄无声息地长这么高：

石笋是向上生长的锥形岩石堆，就像巨人的手指一般。水滴入洞穴，留下的矿物质沉积在地面，逐渐形成石笋。洞穴内的石笋每年生长不到0.5毫米，200年大约长9.4厘米。

长得最快的钟乳石：

钟乳石也是在水滴的作用下形成的，但它像冰锥一样从洞穴顶垂下来。空心的管状钟乳石可以在混凝土建筑内形成。它们生长得非常快，每天长1~2毫米。

P34~35：出生和死亡

4个婴儿出生了，2个人去世了：

全世界每分钟大约有259人出生，108人死亡。翻一页书大约需要1秒，在这1秒内有4.3个婴儿出生，1.8人死亡。

P36~37：黄金和智能手机

90克黄金被开采出来：

每年，2500～3000吨黄金被开采出来。用中间值2750吨来估算，你翻页的这1秒大约有90克黄金被开采出来。

1克黄金随着报废的智能手机被扔掉了：

在全球范围内，人们每年购买14亿部智能手机，但只有20%的废旧手机得到了妥善回收。这一回收率意味着每年有不止11亿部智能手机被随意丢弃，即每秒约有36部被丢弃。令人难以置信的是，废旧手机是比金矿更丰富的黄金来源，每部手机大约含有36毫克黄金。一年扔掉的11亿部手机一共含有40吨黄金，也就是说，每秒约有1.3克黄金被倾倒进垃圾填埋场，每4秒就有足够打一枚结婚戒指的黄金被扔掉。

P38~39：恒星的诞生和死亡

恒星：

据粗略统计，我们所在的银河系中，每年有1颗恒星诞生，1颗恒星死亡。最新研究估计，在可观测的宇宙中，有2万亿个星系（我们的银河系是非常有代表性的），因此在可观测的宇宙中每年大约有2万亿颗恒星诞生，2万亿颗恒星死亡，即每秒诞生63376颗，死亡63376颗。因为我们这里都是粗略估算，所以可以将这个数四舍五入到10万，也就是每秒分别有10万颗恒星诞生和死亡。

当恒星老去后，它们的死亡方式取决于它们的质量。跟太阳差不多大的恒星死亡时会把大部分的物质喷出，形成由发光气体和尘埃构成的被叫作“星云”的华丽外壳，然后星云逐渐消退，恒星只残留暗淡的内核，也就是白矮星。质量超过太阳质量8倍的恒星的死亡方式相当壮烈：它的核心在它产生的巨大引力下坍缩，引发一场壮观的超新星爆发。这颗恒星在光辉灿烂的几天里比一个星系还要亮，然后它也逐渐变得暗淡，留下一颗小小的密度超高的中子星。在我们的银河系中，大约每50年就发生1次超新星爆发。宇宙中有2万亿个星系，每年有400亿次超新星爆发，大约每秒就有1000次超新星爆发。天文学家认为，质量是太阳质量20~30倍的更大的恒星可能不会发生超新星爆发，它们可能会在太空中形成黑洞。

P40~41：太阳能电池板

点亮一个灯泡：

如果你在我身上铺满太阳能电池板，我面朝太阳绕着地球转，就能把15%的照在我身上的太阳能转化成电能。每平方米太阳能电池板接收到的太阳能有1362瓦，我的页面打开的话面积有0.08平方米，所以我能产生大约16瓦的电能。一个被点亮的16瓦白炽灯泡大概有冰箱里的灯那么亮。

“点亮”你的大脑：

思考是很辛苦的。虽然大脑的重量只占体重的2%，但大脑要消耗20%的静息能量（也就是不运动时身体消耗的能量）。假设你每天什么也不干，身体会消耗1700千卡能量，大脑则会消耗其中的340千卡能量，这相当于一份中份薯条的热量。

P42~43：太阳的声音

如果声音能在真空中传播：

声音不能在真空中传播，因为真空中没有传播声音所需的介质，如空气或水。所以这只是一个假设。

地球上就会有100分贝的轰鸣声：

太阳很“吵”。被称为“米粒组织”的巨大热气团上升到太阳表面后又下沉，每平方米每秒释放30~300焦耳的声能，发出的声响有135~145分贝，这相当于距离你不到100米的一架喷气式飞机起飞时发出的声响。

当太阳的声音传播到距离它1.496亿千米的地球时，噪声会变小一些，大约为100分贝，这差不多相当于风钻的音量。当然，具体有多大的音量在很大程度上取决于声音传播的介质。

噢，对了，太阳发出的声波的频率很低，远远低于我们能听到的声波频率。这种波更像是压力波而非声波。因此，要想听到太阳的声音，我们得让它的声波振动变快几千倍。

差不多就是这么响：

来做个实验吧。把我用力合上，在距离我40厘米处测量我发出的音量的峰值。它大约有100分贝，像太阳的声音传播到地球时那么响。

P44~45：中微子

大约有18.7万个这样的微小粒子在我体内：

中微子在核反应中形成，大部分来自太阳或爆炸的恒星（超新星）。把我打开，让我面向太阳，每秒大约有52万亿个太阳中微子以接近光速的速度穿过我。中微子质量非常小，而且极难探测。为了看到它们，科学家在地下设置了巨大的液体罐，然后探测中微子偶然撞击电子时产生的火花。

宇宙大爆炸遗留下来的遗迹中微子更加难以探测。尽管物理学家通过计算，认为整个宇宙中每立方厘米约有330个遗迹中微子，但很长一段时间内根本检测不到它们的存在。直到近些年，遗迹中微子存在的痕迹才第一次被探测到。我的体积是568立方厘米，所以依据上面的数字，现在我体内大约有18.7万个遗迹中微子。

中微子有3种类型：电子型中微子、缪子型中微子和陶子型中微子。这就是为什么这一页的中微子被画成3种颜色。

P46~47：把我当帽子戴

体重的差值：

离地核越近的地方，地心引力就越大。因此，海平面上的地心引力比高山顶上的大一些。地球不是绝对的球体，而是扁一些、像橘子一样的球体，所以距离地核更近的两极的地心引力比赤道的大一些。

秘鲁的瓦斯卡兰山是热带地区最高的山。身处这座山的山顶时，你的体重比在北极地区海平面时的轻0.7%。确切地说，你的质量保持不变，但地心引力会让你的体重改变。假设你乘坐游轮到达北极时的体重与62千克物体的重量（成年人的平均体重）一样，然后你去攀登瓦斯卡兰山，你的体重就会减轻。你的体重减轻0.7%相当于减轻了440克物体的重量——和450克的我的重量差不多。我的体重也会改变：从海平面到山顶，我的体重的差值和3克物体的重量差不多。

P48~49：意大利细面条

在月球上，我会像地球上的一个苹果一样轻：

在月球表面，我的体重大约是在这里的体重的1/6，因为月球引力大约只有地球引力的1/6。在地球上，我重4.41牛顿。在月球上，我约重0.72牛顿——相当于地球上75克物体的重量，也差不多相当于一个苹果的重量。

在木星上，我会像地球上的一瓶酒那么重：

木星的引力是地球引力的2倍多，所以我在木星上的重量也会变成在地球上的重量的2倍多，达到10.4牛顿——相当于地球上1.06千克物体的重量。一瓶红酒的净质量通常是750克，瓶子的质量约为500克，连瓶带酒共约1.25千克，这比1.06千克大一点儿，所以一瓶酒的重量比我在木星上的重量大一点儿。

意大利细面条一样的长条：

中子星是经历过超新星爆发的大质量恒星的残骸。中子星的引力大到离谱——比地球引力大2000亿倍。如果你靠近中子星，麻烦可就大了。你不仅会变得异常沉重，而且因为头和脚之间的重力差，你会被拉成长条，这被称为“意大利面化”。幸运的是，已知的与我们距离最近的中子星至少在250光年之外。

P50~51：地心引力很强大

它甚至可以让时间弯曲：

时间是相对的。越靠近引力场中心（如地核），时间过得就越慢。这就是为什么GPS导航卫星上的时钟需要经常调整——在距地面19千米的高空，它们每天比地面上的时钟快46微秒。

页面底部的时间只过去了0.9999999999999998秒：

我立起来后有20厘米高。在地球表面，每升高1米，每秒就会有 1.1×10^{-16}（0.00000000000000011）秒的时钟偏差。所以每过去1秒，放在页面底部的微型钟表会比放在顶部的慢大约 2×10^{-17}秒。

P52~55：砰！

从1米高的地方坠落：

如果你将我端平，从1米高的地方松手让我落下去，我需要将近半秒钟的时间到达地面。试试看！假设你让我书脊朝下落下去（不要尝试，这样会伤到我），我会稍微快一点点落地，因为我的书脊面积比封面小，因此受到的空气阻力更小。

从10千米高的高塔上坠落：

假设你让我从10千米高的地方落下来，空气阻力会对我的速度产生更大的影响。如果我的书页是打开的，那么它们会以我们无法预测的方式减缓我下降的速度，所以我们还是假设书页都被封好了吧。

在稀薄而冰冷的空气中下落：

在10千米的高空，空气的密度只有海平面的1/3。空气阻力减小，意味着我会降落得很快，前5秒下降的距离会超过100米。

我身上结满了冰霜：

在10千米的高空，温度大约是-50℃，这意味着我身上的任何水分都会迅速结成薄薄的一层冰。在8~15千米的高空，急流风呼呼地吹过，风速往往大于200千米/时。

我以我最快的速度下落：

下落物体所能达到的最大速度也叫终端速度。大约20秒后，我会达到极快的终端速度——大于320千米/时。

我的路程还有一大半：

即使以这样的速度下落，前5千米我也需要1分钟以上的时间。10千米的高空比珠穆朗玛峰还要高——我的旅程还有很长一段路！

空气密度越来越大，我下落的速度越来越慢：

随着高度的下降，空气密度越来越大，下落物体受到的空气阻力也越来越大。我的速度会从320千米/时逐渐减慢，快到地面时减到约200千米/时。

转啊，转：

突然吹来的一阵风或者我自身的不对称，会让我开始旋转。我一旦开始旋转，很可能就停不下来。我要花2分钟以上的时间才能落地，或者降落在一棵大树柔软的枝条上。

P56~57：微风

成年人的肺的容积：

成年男性的肺平均能容纳6升空气。通常女性和儿童的肺能容纳的空气少一些，不过也有很多女性的肺比男性的容积大。

足够屏气冠军维持生命12分钟：

2014年，塞尔维亚的布兰科·彼得罗维奇创造了一项世界纪录——在水中静态屏气11分54秒。

P58~59：从你开始阅读这段文字到现在

银河系在宇宙中移动了3000千米：

跟时间一样，运动也是相对的。我们的银河系以相对于宇宙背景辐射210万千米/时的速度移动。（宇宙背景辐射是宇宙大爆炸的剩余能量形成的。）假设读完这句话需要5秒，我们的银河系在这段时间里移动了2917千米，也就是说移动了将近3000千米。

太阳在银河系中飞速运行了1200千米：

我们的太阳系以200千米/秒的速度在银河系中运行。假设你从“从”这个字读到上面这句话需要6秒，太阳在这段时间里可以移动1200千米。（当然，读这些文字所需的时间取决于你的阅读速度。）

地球绕着太阳转了300千米：

地球绕太阳公转的速度平均为30千米/秒。假设你读到这里用了10秒，在这10秒里地球运行了300千米。

太阳把230万太焦耳的能量传送到了地球上：

每秒有174,000太焦耳的太阳能到达地球，13秒就有2,262,000太焦耳太阳能到达地球。

植物和浮游生物将72太焦耳的能量转化成糖：

植物和浮游生物能够吸收0.023%的太阳能，并通过光合作用将其转化成糖。以日平均、年平均水平来计算，16秒的时间里，大约有72太焦耳的太阳能被转化成糖。

植物吸收了32万吨二氧化碳，并释放了24.3万吨氧气：

植物和浮游生物还从大气中吸收二氧化碳——仅植物一年就能吸收约4400亿吨二氧化碳。算下来就是每秒吸收13,933吨二氧化碳。假设你读到上面这句话大约用了23秒，那植物就吸收了320,467吨二氧化碳。每秒有13,933吨的二氧化碳通过光合作用转化成10,131吨氧气。假设你读到这里大约用了24秒，那植物就产生了243,145吨氧气。

吸气7次，呼气7次：

人在静息状态下平均每分钟呼吸12～20次。以中间值16次/分钟计算，27秒的时间里你大约呼吸了7.2次。

你的身体已经产生了8400万个红细胞：

人体每秒产生240万个红细胞，35秒能产生8400万个。

你的大脑大约还能工作5秒：

假设脑袋和身体突然分离，大脑在因为缺氧而失去意识前，大约有5秒的时间是有意识的。

P62~63：巧克力

5条这么大的牛奶巧克力含有的热量：

纸的主要成分是纤维素，纤维素是一种碳水化合物。每克碳水化合物含有4千卡热量，我的质量为450克，制成我的纸张中纤维素大约占2/3。因此，除去颜料和填充剂等其他原料，这些纸张中的纤维素一共含有大约1200千卡热量。这相当于5条240千卡热量的牛奶巧克力的总热量。牛奶巧克力真好吃！

制成我的纸张中都是人类无法消化的纤维素：

纤维素能被山羊和其他植食性动物消化，但不能被人类消化。所以，你不要试图吃我。吃了我你会胃痛，甚至有更严重的麻烦。颜料和填充剂你也不能吃。真的，千万别吃我。

P64~65：水

我能装满一听汽水罐，还多出来半听：

室温下（20℃）水的密度略小于1克/立方厘米，所以567毫升的水可以填满体积为568立方厘米的我。对，我的体积是568立方厘米。如果我是水做的，那就能装满1.7个330毫升的饮料罐。

足够你维持生命6小时：

人体日常对水的需求差别很大，据说大多数人每天喝8杯水才能保持健康。美国军方的一项研究认为，人一天要喝2.4升水，不过其中一半来自食物。为了方便计算，假设人什么都不吃，567毫升水平均能让人存活5.7小时。当然，也不是时间一到人就死了：人在没有水的情况下可以存活几天。

足够一只小老鼠维持生命3个月：

研究显示，小老鼠每天喝5.8毫升水。因此，在水没有变质，没有蒸发，也没被其他老鼠喝掉的情况下，567毫升水差不多可以让小老鼠存活3.2个月。

P66~67：黄金和钚

我会特别值钱，你能用我买下一座房子：

黄金非常昂贵。2019年底，黄金价格超过了50美元/克（约344.5元人民币/克）。如果我还是这么大的体积，但由黄金制成，我的质量大约会达到11千克。11千克的黄金价值约56万美元（约386万元人民币），这笔钱可以在很多地方买房了。

跟一个一岁半的小孩一样重：

11千克物体的重量和一岁半幼儿的平均体重差不多。

我会是一块暗灰色厚板，摸起来暖暖的：

钚的一些同位素具有放射性，很危险。如果我是由钚-239制成的（我可不想尝试），那么我每秒会发出21焦耳的热能，这与白炽灯发出的热能相当。

足够炸毁一整座城市：

如果我保持体积不变，但不是用黄金而是用钚做的，我的质量会超过11千克。4千克钚-239足以制造核武器。1945年美军投在日本长崎的原子弹含有约6千克钚，便摧毁了这座城市。含有11千克钚的原子弹会造成什么后果？我不愿去想。

P68~69：分子数量

比从时间产生开始到现在的所有秒数还多：

我体内的纤维素分子超过10^{24}个。这个数是138亿年前宇宙大爆炸发生至今的秒数——4.35×10^{17}秒——的200万倍。

也比地球上所有存在过的人的数量多：

据估计，在整个人类历史中，到目前有1090亿（1.09×10^{11}）人出生。

P70~71：土壤里

10只蛞蝓和蜗牛：

土壤是众多生物的家园。每平方米土壤里大约有100只蛞蝓（俗称鼻涕虫）和蜗牛。我页面打开的话面积有0.08平方米，为方便计算将其四舍五入为0.1平方米。因此，在我的书页下方的土壤里大约有10只蛞蝓和蜗牛。（这个数以及以下几段的数字，因你所处地点的不同会有很大差异。）

30只蚯蚓：

每平方米土壤里大约有300只蚯蚓，因此0.1平方米土壤里大约有30只蚯蚓。

500只昆虫、蜘蛛、多足类动物：

每平方米土壤里大约有5000只昆虫、蜘蛛、多足类动物（比如蜈蚣、千足虫）。

1万只螨虫，50万只线虫：

每平方米土壤里大约有10万只螨虫和500万只线虫。

有100多万个单细胞原生生物：

原生生物大多是微小的单细胞生物。它们既不属于原核生物（包括细菌和类似于细菌的古生菌），也不属于植物、动物或真菌。每平方米土壤里大约有1万（10^4）到1000万（10^7）个原生生物，按照上限计算的话，我的书页下方的土壤里大约有100万（10^6）个原生生物。

还有上百万亿个细菌和古生菌：

每立方厘米土壤里大约有40亿~200亿个细菌和古生菌，我们就按120亿来计算。假设土壤有10厘米深——这是科学家通常获取土壤样本的深度——那么我摊开的书页（面积0.08平方米）下方的土壤里就有约100万亿（10^{14}）个细菌和古生菌。

P72~73：恒星

6,000,000,000,000,000,000,000颗恒星：

没有人知道宇宙中到底有多少个星系，最新的估算是2万亿个。假设其他星系中恒星的平均数量和银河系中的一样，大约1000亿颗，那么宇宙中大约有2×10^{23}颗恒星。如果你将我打开并伸直手臂举到空中——大约距离你的眼睛40厘米——我就能挡住大约3%的天球。在这一小部分太空中大约有6×10^{21}颗恒星。

大部分恒星在以比光速还快的速度离我们远去：

我们能看到的所有星系几乎都在远离我们，其中大部分星系离开的速度超过了光速，因为宇宙在膨胀，而且这种膨胀在加速。因此，最精密的望远镜能观测到的星系正在减少——许多星系正在滑出可观测到的宇宙的边缘。但是，我们仍然可以看到这些遥远的星系发出的光，因为数百万亿或数十亿年前宇宙膨胀得还没有这么快，这些星系发射的光现在才到达地球并被我们观测到。

P74~77：世间万物都在运动

伦敦会远离纽约这么多：

我们所在的星球的地壳由会移动的、超级大的岩石块组成，这些岩石块也叫构造板块。每隔一段时间，它们就会相互摩擦，引发地震。伦敦所在的欧亚板块和纽约所在的北美板块每年会彼此远离2~3厘米。

月球会远离地球这么多：

地球和月球被绑定成一对“舞伴”，共同完成一支复杂而精巧的舞蹈。月球的引力引发地球上的海洋潮汐。海洋潮汐产生的潮汐隆起会使月球减速，并使月球轨道升高：这使月球每年远离地球3.78厘米。反过来，转得更慢的月球给地球的自转施加了一个非常轻微的阻力，使地球上的每一天相比于前一天变长一点点。如果你希望每天多1小时，再过2.4亿年这个愿望就能实现了。

地球会远离太阳这么多：

太阳发光时会失去一部分质量，因此它的引力每年都会减弱一点点。这就导致太阳系的所有星球都旋转着慢慢远离太阳。地球每年远离太阳1.5厘米。

磁北极移动了这么多，磁南极移动了这么多：

地球的外地核是由滚烫的液态铁构成的，这些液态铁使地球具有磁场。随着液态铁的流动，地球的磁极也在偏离原来的位置——磁北极每年大约移动55千米，也就是每分钟大约移动10.5厘米；磁南极每年移动10~15千米，也就是每分钟大约移动2.4厘米。

地球的磁场陷入混乱、扭曲、纠缠：

磁极通常靠近地理极点。但有时磁极会失控，到处游荡。临时磁极会突然出现在不寻常的地方，例如磁南极出现在印度，磁北极出现在夏威夷。经过1000年左右的游荡，南北磁极会在地球两端与它们原来的位置相反的地方安顿下来。在过去的8300万年中，这种被称为“地磁倒转”的离奇事件发生过183次。最近的一次地磁倒转发生在大约78万年前。这种现象的发生是随机的，没人知道下一次会在什么时候发生。

P78~79：融化的北极海冰

我会和你家客厅的天花板一样高：

我这里说的是一块顶部面积跟我一页书页的面积——0.04平方米——一样大的北极海冰。大多数北极海冰厚2~3米，当然也有厚4~5米的，这里假设我这块北极海冰厚2.5米，这就跟普通住宅天花板的高度差不多。

跟一名重量级拳击手一样重：

0℃的冰的密度为917千克/立方米，因此一块0.1立方米（0.2米×0.2米×2.5米）的0℃的冰块质量为91.7千克。而质量90.7千克及以上的拳击手会被归为重量级选手。

最冷的部分比铁还硬：

冰越冷就越硬。东西越硬，莫氏硬度的数值就越高。0℃时，冰的莫氏硬度为1.5；−70℃时，冰的莫氏硬度达到6。铁的莫氏硬度为4。

你的汽车排放的温室气体就足够使我融化：

温室气体排放使地球变暖。大气中每增加1克碳，就会让地球的温度升高一点儿。研究显示，1953~2015年，每排放1吨二氧化碳，顶部面积为3平方米的北极海冰就会融化。按比例缩小，仅排放13.3千克二氧化碳，就会导致顶部面积和我的书页面积（0.04平方米）一样大的海冰融化。2017年英国销售的新车的平均二氧化碳排放量为121克/千米（英国销售的新车比较省油，因此人们在2017年前购买的大部分车辆的二氧化碳排放量会超过这个数值）。驾驶这样的新车行驶110千米——1小时很容易开这么远——就会排放13.3千克二氧化碳，进而使顶部面积和我的书页面积一样大的海冰融化。

P80~81：海平面上升

这就是现在的海平面：

额外的热量能使陆地上的冰川和冰盖融化，使淡水流入海洋，而海水本身也在因为变暖而膨胀。1993~2019年，全球每年海平面平均上升3.3±0.4毫米。每年上升几毫米听起来没什么，但长年累月，现在的海平面比15年前的海平面高出了5厘米。

这是15年后的海平面：

海平面的升高正在加速。一篇论文估算，过去25年间，加速的程度大约是每年0.084±0.025毫米。按这个加速程度计算，现在海平面每年上升3.3毫米，15年后海平面又会高出6厘米以上。更糟糕的是，化石燃料燃烧产生的二氧化碳溶解在水中，会使海水变酸。对海洋生物来说，这真是个坏消息。

再往后呢？我也不知道：

本世纪海平面还会上升多少？再往后呢？很难预测。我们的星球美丽而复杂，科学家还没有完全搞清楚它是如何运行的。其实，地球的命运在很大程度上取决于人类做了什么。如果人类继续向大气中排放大量温室气体，到2100年，海平面可能会上升1米多；在之后的几个世纪中，会上升几米。人们正在采取行动阻止这种情况发生。

P84~87：月球之旅

时间每过去1秒，就会有相当于我质量7倍的气体飘进太空：

氢气和氦气很轻，轻到可以飘浮到大气层的顶端，然后飘进太空。每年大约有95000吨氢气和1600吨氦气飘进太空，大约就是每秒飘走3千克——这大约相当于我的质量的7倍。

跟这页纸一样厚的月球尘埃：

月球上没有风，月球也几乎没有大气层。但月球周围确实有一层非常薄的“尘埃大气”，它由电场力扬起的表面粒子组成。在1969~1976年间的阿波罗登月任务中，科学家测量了有多少尘埃沉积在位于月球表面上方1米处的太阳能电池板上，结果是并不多。至少需要1000年才能形成1毫米厚的尘埃层。这意味着收集像我的书页这么厚（0.18毫米）的月球尘埃需要180年——就算作200年吧，我喜欢凑个整数。

数词和计量单位

数词

十亿（a billion）：1,000,000,000（10^9）

万亿（a trillion）：1,000,000,000,000（10^{12}）

长度

厘米（centimetre,cm）

米（metre,m）：100 cm

千米（kilometre,km）：1,000 m

毫米（millimetre,mm）：0.1 cm

纳米（nanometre,nm）：0.000001 mm

光年（light-year,ly）：光在真空中一年内行经的距离，约9.46万亿千米。

面积

平方厘米（square centimetre,cm^2）

平方米（square metre,m^2）：10,000 cm^2

体积

立方厘米（cubic centimetre,cm^3）

立方米（cubic metre,m^3）：1,000,000 cm^3

升（litre,L）：1,000 cm^3

毫升（millilitre,mL）：0.001 L或 1 cm^3

时间

秒（second,s）

分（minute,m或min）：60 s

微秒（microsecond,μs）：0.000001 s

纳秒（nanosecond,ns）：0.001 μs

质量和重量

克（gram,g）

千克（kilogram,kg）：1,000 g

吨（tonne,t）：1,000 kg。吨是一个质量单位，而不是体积单位。

毫克（milligram,mg）：0.001 g

牛顿（newton,N）：使1 kg物体产生1 m/s^2的加速度所需要的力为1牛顿。

能量/功和功率

焦耳（joule,J）：用1牛顿的力使某物体在力的方向上移动1米所做的功为1焦耳。

太焦耳（terajoule,TJ）：10^{12} J

瓦特（watt,W）：简称“瓦”。1秒内产生1焦耳能量的功率为1瓦特。

千卡（kcal）：在1个标准大气压下使1千克纯水温度升高1℃所需的能量为1千卡。

分贝（dB）：计量声强、电压或功率等相对大小的单位，增加10 dB代表声音强度增大10倍。

关于作者

米丽娅姆·奎克（Miriam Quick）是一位探索数据传播新方式的数据新闻记者和研究者。她曾在英国广播公司、《纽约时报》、“连线英国”网站和《信息之美》等媒体发表过文章。她参与创作的数据艺术作品曾在英国的韦尔科姆收藏馆、南岸中心、皇家内科医学院和国际展览中心展出。她和瓦伦丁娜·德菲里波（Valentina D’Efilippo）合作的获奖作品*Oddityviz*就是在12英寸（约30厘米）的唱片上将戴维·鲍伊（David Bowie）的歌曲《太空怪人》（Space Oddity）进行了可视化。

斯蒂芬妮·波萨韦茨（Stefanie Posavec）是一位数据创意设计师和艺术家。她的作品曾在法国的乔治·蓬皮杜国家艺术文化中心，以及英国的维多利亚与艾伯特博物馆、伦敦设计博物馆和萨默塞特府等多个国际知名艺术中心展出，并被美国现代艺术博物馆永久收藏。她和焦尔詹·卢皮（Giorgia Lupi）合著了《亲爱的数据》（*Dear Data*）和《涂鸦手帐指南·创意笔记》（*Observe, Collect, Draw!*）。

我是一本书，是通往宇